U0186722

STEM
» 塑造未来丛书

计算机与互联网

[美] 比阿特丽斯·卡瓦诺　著

严倩倩　徐婧　译

SPM 南方出版传媒

广东科技出版社 | 全国优秀出版社

·广　州·

图书在版编目（CIP）数据

计算机与互联网 /（美）比阿特丽斯·卡瓦诺著；严倩倩，徐婧译. —广州：广东科技出版社，2020.10
（STEM塑造未来丛书）
书名原文：Computing And The Internet
ISBN 978-7-5359-7495-2

Ⅰ.①计…　Ⅱ.①比…②严…③徐…　Ⅲ.①电子计算机②互联网络　Ⅳ.①TP3

中国版本图书馆CIP数据核字（2020）第103954号

Translated and published by Guangdong Science & Technology Press Co.,Ltd. with permission from Mason Crest, an imprint of National Highlights Inc.
© 2017 by Mason Crest, an imprint of National Highlights Inc. All Rights Reserved.
National Highlights is not affiliated with Guangdong Science & Technology Press Co.,Ltd. or responsible for the quality of this translated work.

广东省版权局著作权合同登记
图字：19-2019-040号

计算机与互联网

出　版　人：朱文清
责任编辑：刘锦业
封面设计：钟　清
责任校对：廖婷婷
责任印制：林记松
出版发行：广东科技出版社
　　　　　（广州市环市东路水荫路 11 号　邮政编码：510075）
销售热线：020-37592148 / 37607413
http://www.gdstp.com.cn
E-mail：gdkjzbb@gdstp.com.cn
经　　销：广东新华发行集团股份有限公司
排　　版：创溢文化
印　　刷：广州一龙印刷有限公司
　　　　　（广州市增城区荔新九路 43 号 1 幢自编 101 房　邮政编码：511340）
规　　格：787mm×1 092mm　1/16　印张5.5　字数110 千
版　　次：2020 年 10 月第 1 版
　　　　　2020 年 10 月第 1 次印刷
定　　价：39.80 元

如发现因印装质量问题影响阅读，请与广东科技出版社印制室联系调换（电话：020-37607272）。

目录 | CONTENTS

栏目说明

 关键词汇：本书已对这些词语作出简单易懂的解释，能够帮助读者扩充专业词汇储备，增进对于书本内容的理解。

 知识窗：正文周围的附加内容是为了提供更多的相关信息，可以帮助读者积累知识，洞见真意，探索各种可能性，全方位开拓读者视野。

 进阶阅读：这些内容有助于开拓读者的知识面，提升读者阅读和理解相关领域知识的能力。

 章末思考：这些问题能促使读者更仔细地回顾之前的内容，有助于读者更深入地理解本书。

 教育视频：读者可通过扫描二维码观看视频，从而获取更多富有教育意义的补充信息。视频包含新闻报道、历史瞬间、演讲评论及其他精彩内容。

 研究项目：无论哪一个章节，读者都能够获取进一步了解相关知识的途径。文中提供了关于深入研究分析项目的建议。

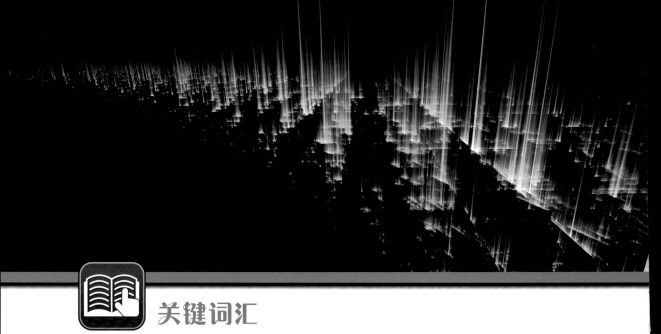

关键词汇

数字化 —— 用计算机技术处理离散单元或二进制（0或1）数字的数据处理方式。

模拟 —— 和设备或过程相关的，其数据由持续变化的物理量表示，非数字化的。

数字革命 —— 从机械设备和模拟电子进化到数字技术的技术进步，起源于20世纪中叶。

数字化时代 —— 也被称为"信息时代"，信息成为快速、广泛传播且易于获取的商品，计算机技术的使用尤其加快了信息的传播。

互联网 —— 一种连接世界各地计算机网络和计算机设施的电子通信网络。

智能手机 —— 一种可以安装多种软件的移动电话，具有发送或接收电子邮件、拍照等功能。

云计算 —— 分布式计算的一种，使用者可以按需求随时获取网络"云"上的资源，这些资源可以看成是无限扩展的，使用者只需按使用量付费即可。

万维网（网络）—— 互联网的组成部分，可以在图形用户界面（交互式电脑屏幕）通过超链接访问。

第一章　数字革命的历史

　　1986年，世界上仅有1%的信息使用数字化存储——使用计算机技术处理数据或离散单元，诸如CD、DVD和计算机硬盘等；另外的99%是以模拟形式存储的。到2014年，这一比例对调过来了，世界上99%的信息以数字形式存储，只有1%的信息以模拟形式存储。同样，在1986年，全世界41%的数据都由袖珍计算器来处理，只有33%的数据利用个人计算机（个人电脑）处理。到2007年，66%的数据处理都交给了计算机（俗称电脑），计算器处理的比例甚至不到1%。

　　这些巨大的变化标志着数字革命的到来，技术进步经历了从机械设备到模拟电子再到数字技术的三级跳。数字革命始于20世纪中叶，至今方兴未艾。它标志着数字化时代——信息时代的开始，信息已成为一种快速、广泛传播且易于获得的商品，计算机技术的使用尤其加快了其传播速度。

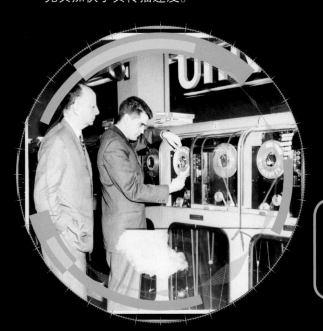

概述

　　身处数字化时代，你可能每天都需要使用互联网。但你是否曾稍停片刻，思考互联网是如何改变人类生活的？那些没有条件使用互联网的群体又受到了怎样的影

> 计算机在20世纪中叶就已被制造出来了。第一代计算机体积庞大，运算速度缓慢，只有极少数人使用。

响？互联网只是万千数字技术中的一种，其他的比如**智能手机**、**云计算**及人工智能都属于数字技术的范畴。互联网发展之势是如此的迅猛，以至于我们难以预测它将会对未来社会产生怎样的影响。

本书将探讨数字技术在人类生活中扮演的角色，以及思考伴随这些技术发展而产生的一系列问题。我们必须提出某些复杂但又极其重要的问题，这些问题也许并没有绝对的"对"或"错"，比如，是否应该限制互联网的使用范围，智能手机对人际关系有益还是有害，那些没有机会使用数字化设备的群体会受到怎样的影响，等等。

本书并不会告诉你应该怎么想或者应该支持争论的哪一方。但它会给你提供相关的历史和技术背景，让你知悉最新的发展趋势，提出具有挑战性的问题，由此让你形成自己的观点，在和他人讨论相关的话题时，能够阐释和维护自己的立场。

从工业革命到数字革命

19世纪的工业革命，标志着手工生产方式向蒸汽机及工厂体系的生产方式转变。工业革命使得商业、服务业，以及全球人口特别是城市人口得到了飞速的发展，与此同时，世界范围内的科技和经济也得到了快速发展。生产效率大大提升，技术越先进，就越不需要昂贵的劳动

力。与工业革命带来的商品大规模化生产形成对照，数字革命把机械和模拟技术发展为电子数字技术，带来的是信息传播能力的极大提高。

数字化时代的起源可追溯到美国数学家克劳德·香农（Claude Shannon）的著作，他在1948年发表了一篇具有里程碑意义的论文，提出信息可以被定量地编码为一系列的1和0。他通过此论文系统地证明了媒体中的所有信息，包括电话、广播和电视信号都可以被完美地传播。克劳德·香农被称为"信息论之父"，他

数字信息存储在由数字0和1组成的"二进制码"中。这些数字的序列（字符串）可以通过计算机或其他电子设备在屏幕上呈现为文字、颜色或其他信息。

20世纪50年代，晶体管的诞生使得诸如计算机和电视机之类的电子设备体积变得更小，同时运算变得更快、更强。

的想法最终促进了个人电脑和数字化时代的到来。

1947年，美国贝尔实验室发明了晶体管。晶体管可控制电子设备中的电流，实现电子信号的放大或切换。晶体管开启或关闭时，电流会相应地流动或停止，今天的晶体管可以每秒开关超过3 000亿次。晶体管是现在所有微芯片的关键组成部分。它的诞生促使了1954年第一台全电子可编程计算机的问世，1954年晶体管收音机的问世，1960年晶体管电视机的问世。到20世纪70年代，个人电脑和视频游戏机首次引入晶体管，数据存储从模拟形式开始转换为数字形式。

从模拟形式到数字媒体

数字革命中的一个重要里程碑是：20世纪80年代，激光唱片（CD）等数字存储格式的光盘取代了模拟存储格式的黑胶唱片和盒式磁带，完成了从模拟形式到数字录制音乐的过渡。到20世纪80年代末，康懋达、苹果、坦迪（Tandy）等制造商已将个人电脑普及开来，使之成为普

20世纪80年代，数字存储格式的光盘开始取代传统的黑胶唱片，成为流行音乐的宠儿。光盘不仅体积更小，而且能够提供更出色的音质体验。

Commodore 64是20世纪80年代销售量最高的个人电脑，它价格实惠，可以直接连接电话设备，也可以使用简单的计算机语言，如BASIC语言运行各类实用的程序。

通人都能用上的设备。摩托罗拉在1983年售出了第一台模拟信号手机。而第一台数字手机诞生于1991年，可以储存一整部电影。1995年市面上出现了可储存整部电影的数字视频光盘（DVD），并且很快开始取代录像带成为当时家庭观影的首选。

美国军方曾用带有高分辨率照相机的精密间谍卫星拍摄敌军照片，但由于必须以复杂的空中转移方式取回未冲洗的胶卷，因而遗失了很多照片。1976年的"凯南"号卫星采用革命性的光电照相机，这种照相机能以数字格式传输图像。1988年问世的数码相机就是由该技术发展而来。

互联网

1969年，美国国防部使用高级研究计划局网络（ARPANET）把军用计算机连接在一个能够共享信息的网络中，使得五角大楼、战略空军司令部和山下的防弹防御指挥中心之间可以共享信息。而后，相关的研究、协议和基本硬件对美国的大学开放，经过改良后，这个网络最终发展成了互联网（Internet）——一种可以连接世界各地计算机的电子通信网络。

1991年开始，互联网可无限制地用于商

大多数人通过万维网来访问互联网，万维网是一个包含信息的超链接"页面"网络。在过去的近30年里，互联网和万维网已经对全球产生了深远的影响。

业用途，到1993年，**万维网（网络）**——组被称为"网站"的链接页面，可以通过互联网上的网站地址或超链接访问。企业利用这些页面来创建主页，并在主页上添加文本和相关图片来销售产品。很快地，通过连接到互联网，人们使用家用计算机不但可以浏览网站，还能进行购物；大学生和教授也可以使用互联网进行研究。通过互联网收发电子邮件，不仅令世界各地的人紧密联系在一起，商业效率也得到了极大提高。

互联网用户早期面临的一个问题是网速，因为电话线在一个时间段内只能传输有限的信息。光纤电缆的发展使得每秒发送的信息量大幅增加。英特尔等公司开发了运行更快的微处理器，让个人电脑以更快的速度接收信息，进而推动了有线电视的数字化，使得可供用户观看的频道数量大大增加。到1999年，几乎每个国家都接入了互联网，在美国，超过半数人定期使用互联网。

知识窗

从工业时代向数字化时代的转变

当我们从工业时代过渡到数字化时代时，日常生活中的一些发明已经发生了巨大的变化。以下是一些例子：

· 黑胶唱片让位于CD，而后变成MP3，现在已经被流媒体音频取代；

· 租借录像带慢慢被数字化光盘DVD取代，然后是蓝光光盘，现在已经发展到流媒体视频；

· 固定电话已被手机挤出市场；

· 拨号上网已升级为高速数字电缆上网；

· 打字机败给了电脑；

· 信件发展到传真，然后发展到电子邮件；

· 胶片摄影进化为数码摄影。

数字世界在你手中

21世纪，数字技术从发达国家传入发展中国家，应用场所不再局限于住所，而几乎是人们可以去的任何地方。随着数字革命的发展，移动电话逐渐取代了固定电话，互联网用户数量持续上升，电视从模拟信号升级到数字信号，发短信变成了日常的沟通方式，高清电视（HDTV）也成为很多国家的标准广播格式。

1999年，日本开发出了第一款智能手机，这是一种带有个人电脑运行系统并能够连接互联网的手机。21世纪初，T-Mobile、Sidekick（德国）和黑莓等手机风靡美国。iPhone在2007年投放市场，使移动设备的触摸屏和应用得到了商业化发展。

接入互联网的社交网络在21世纪初成了全球性现象：2002年，Friendster成立；2003，LinkedIn（领英）和MySpace出现；2004年，Facebook（脸书）诞生。尽管Friendster和MySpace不再是商业性的社交网站，但领英仍有4.33亿的用户在用其进行商务交往，而脸书则在全球拥有多达17亿的用户，占到全球人口的23%。

到2010年，全球超过25%的人口可以访问互联网，70%的人拥有手机。互联网资源与移动设备紧密地连在一起。苹果iPad或三星Galaxy此类平板电脑变得非常受欢迎。云计算技术可以在多台服务器上存储计算机数据，用户无须大容量硬盘，只需要通过互联网即可在全球任何一个角落获取海量数据。

经济与社会生活

信息数字化对包括图书、音乐和电视在内的传统媒体行业产生了深远的影响。随着信息越来越多地以数字形式传播，各行各业都看准了数字化时代带来的机遇，摩拳擦掌想要在资本化的大潮中分得一杯羹。

在数字化时代，比起经济关系，社会关系受到的冲击可能更大。过去，人们主要靠面对面交谈、互通信件或拨打电话等方式进行沟通。而今，社交媒体、短信及视频通话的普及，使人们的交流方式发生了翻天覆地的变化，连带着也彻底改变了人与人之间的关系。

脸书是马克·扎克伯格和他的大学舍友于2004年2月创建的在线社交网站。如今它已成为世界上最有价值的公司之一。

数字化时代出现的问题

数字技术发展到当下这个阶段，陆续出现了一些值得人们深思的问题。

一名男子在新加坡机场的一个互联网终端上进行操作。

在美国，人人都有使用网络的权利，无论你身在何处，只要有合适的设备，你就可以使用互联网，但与此同时，潜伏在互联网和数字技术中的危险可能直接威胁着你。此外，数字化带来的国际问题也和你密不可分。随着数字技术不断地重塑世界政治和经济格局，它给世界上其他地方的人们带去的影响，又会反过来影响你。

北美的互联网用户占该地区总人口的89%，而这一比例在欧洲地区和澳大利亚超过73%，在中东、亚洲和非洲，这一比例较低，分别是53.7%、44.2%和28.6%。从这一数据是否可以看出，互联网的使用程度加大了地区间的经济差距？

在同一个国家之内，有经常上网的用户群体，也有几乎没听说过互联网的群体。如果你年轻、富有且受过良好的教育，也许上网已经成为你的日常；如果你年纪稍长，家庭有些拮据，没有机会接受良好的教育，或者住在通信连接不太方便的乡下地区，你可能不经常上网，甚至是从不上网。那么，以何种方式使用网络才是更好的或更坏的呢？

管理数字内容

在有些国家，在法律允许的前提下，人们可以畅所欲言，无论该言论会对他人造成多大的伤害或不安，这就是人们通常所谓的"言论自由"。随着数字化技术的发展，这些所谓的"言论自由"所造成的破坏性后果越来越明显，这促使人们去更多地思考。

我们应该有随意用言论伤害别人的权利吗？我们的权利是否比其他不想受到冒犯的人的权利更大？我们如何平衡人们的隐私权与保证社会安全所需的个人信息？这些都是数字化时代出现的一些问题，我们越是了解，就越能从每个人的利益出发，帮助他们做出决定。

我们都有权利参与世界未来的发展，但为了拥有改变世界的能力，我们有必要了解影响我们所有人的问题，必须能够将事实与意见分开，将可靠信息和媒体炒作分开。如果能做到这一点并逐步形成和完善自己的观点，你将能够在数字化时代的决策中发挥重要作用。

进阶阅读：网络地址

我们常听到诸如IP地址、MAC地址一类的东西。这些地址是什么东西，又有什么用处呢？如果要深究地址，那么必然要了解我们的OSI（开放系统互联）七层模型。

OSI七层模型是国际标准化组织提出的网络模型，旨在为计算机在世界范围内通信提供同样的标准。七个层的名字很好理解，最底层是"物理层"，最高层是"应用层"。

为什么要分层呢？因为可以简化问题。送信时，你只需要把你的信交给邮局并付资费，剩下的事情就可以交给邮局办了。每个邮局又把任务分配给邮递员，邮递员自己去考虑最短路径。在这个模型中，顾客是最高层次的，它把送信任务转交给邮局，具体如何送达也由邮局完成；邮局安排邮递员送信的时候，不再干预邮递员如何把信件送到邮箱，这就是分层的思想。

物理层是最低一级的层次。虽然它是名义上的最底层，但是一切计算机之间的通信都依赖于物理层。它控制和管理计算机通信设备之间的物理互通。针脚、电压、线缆规范等都从属于物理层。我们的父母阻止我们玩游戏时，会说"再不听话就把你的网线剪了"。这样的操作，其实就是破坏物理层，从根本上阻止了我们上网的可能。

物理层的任务是负责接收和发送比特流。这个数据是什么？不知道。这个数据发过去有什么用？不知道。物理层，只要维持好电压稳定，将二进制数据接收和发送过去就可以了。物理层有两个很有意思的设备。如果遇到信号衰减（根据标准，常用的双绞线电缆传输距离只有100 m，大于这个距离时信号会衰减到不能保证正常通信的程度），那么可以用中继器。中继器负责增强信号，这个过程十分"物理"，或者说十分机械，所以属于物理层。另一个则是集线器，集线器有多个网线接口，从一个接口收到的信息会被广播到其他接口。集线器是非常原始的设备，它占用大量带宽，会造成大量冲突，并且安全性差，现在已经被淘汰了。

物理层之上是数据链路层。数据链路层是给相邻两个设备提供可靠传输用的，负责将数据组合成"帧"（数据块），控制帧在物理信道上的传输，包括如何处理传输差错，如何调节发送速率以使其与接收方相匹配。交换机是属于该层的一个重要的设备，起到中心节点的作用。交换机有很多端口，每个端口可以通过网线连接一个设备。与交换机连接的设备，经过交换机转发数据，就可以实现网络内设备的两两联通。同时，网络地址在数据链路层首次出现，这一网络地址是MAC地址，这个地址是烧录在网卡上的。在准确的分配下，每个MAC地址都是独一无二的。

有了MAC地址，我们可以发一个号令，让我们的网络设备往MAC地址A发送一个数据包。MAC地址唯一，因此交换机能根据所连接设备的MAC地址发送数据包。

不过，数据链路层只能让相邻的两个设备进行可靠的通信，依靠交换机只能在小范围内通信。要想全球上百亿的设备之间能够相互通信，只有数据链路层是不够的。

数据链路层再往上就是网络层。在网络层，就可以遇到我们的"熟人"——IP地址。

步入网络层，我们终于可以跨网络交流了。通过数据链路层，数据最多只能在一个局域网里面游荡。依靠网络层强大的转发机制，我们在家里就能够连上一个外省的电商服务器，然后通过另一个省的快递公司服务器查看包裹的动向。

路由器是网络层的一个典型设备。作为中转站，路由器可以与不同的网络对接，以此构成一个大的网络。

网络层之上是传输层。尽管在第二层数据链路层就能实现可靠通信，第三层就能在全球互相发报，但是计算机是复杂的。一台正常运作的计算机，会同时运行很多的程序（进程）。传输层的存在，就是为了让我们的传输精确到进程。

到了传输层，我们已经没有物理上的设备了，但是我们有主要协议——TCP协议和UDP协议。接触过网络编程的读者，可能会对这两个协议比较熟悉。这些协议提供若干个端口，每个端口相当于邮局的挂号窗。数据的发送和接收，就由对应的程序（进程）到这些挂号窗进行递交和领取。

传输层再往上是会话层。会话层是维护面向用户的连接，保证会话数据能够可靠送达。会话在这里是一个计算机的抽象概念，一个会话表示一个任务。在编程时，常常把若干个相关或无关的任务指派为若干个会话，而会话层可以用来维护这样的会话，比如访问一次网页时，浏览器负责新建一个到服务器的会话；当你关闭这个网页时，也关闭了这个会话。因为会话层维护会话，所以被称为"会话层"。

会话层之上是表示层。在传输时，为了节省带宽、保护数据安全，可能会先把数据压缩、加密；收到数据后，又需要解压、解密。表示层就是负责在收发数据时解密与加密，或解压与压缩，将信息"表示"出来的一层。

最后是信息传输的终点——应用层。应用层是整个OSI七层模型中最高的一层，也是唯一面向用户的一层。电子邮件、浏览器等程序，都是应用层的程序。

章末思考

1. 互联网和万维网的区别是什么?

2. 请描述数字革命中四个重要的发展阶段。

3. 请说出两个运营良好的社交网站,以及两个运营失败的社交网站。

教育视频

The numb___et devices
in 1992 wa___

本二维码链接的内容与原版图书一致。为了保证内容符合中国法律的要求,我们已对原链接内容做了规范化处理,以便读者观看。二维码的使用可能会受到第三方网站使用条款的限制。

扫描右侧二维码,观看有关数字革命的视频。

研究项目

通过互联网或学校图书馆，对晶体管做简单的调查研究，并回答问题：晶体管是20世纪最伟大的发明吗？

有人说晶体管是最伟大的发明，因为它是整个数字化时代的关键。没有它，就不会有我们现在使用的广播、电视、个人电脑、智能手机和其他许多产品。20世纪除了晶体管，没有其他创新可以称得上是整个新时代的奠基石。

也有人认为20世纪还有比晶体管更重要的发明，比如飞机、自动化生产，甚至抗生素。没有交通、生产力或医疗健康方面的进步，当下社会的状况会糟糕得多。

写一篇两页的报告，利用你在研究中发现的数据来支持你的结论，并展示给你的家人或同学。

 关键词汇

摩尔定律 —— 揭示了微处理器发展的定律，认为在设备尺寸和价格不变的前提下，设备的处理能力每18~24个月能增加一倍。

个人数字助理（PDA） —— 一款配备微处理器的小型手持设备，专门用于存储和整理个人信息（如地址和时间表）。

大数据 —— 无法用传统数据库管理工具处理的庞大而复杂的数据集合。

人工智能（AI） —— 用计算机来模拟人类的智能行为，是计算机科学的一个分支。

仿真机器人 —— 一种具有人类外表的机器人。

赛博格 —— 体内含有机械或电气设备的人。

假体 —— 替代身体缺失或受伤部分的人造装置。

智能手机的崛起

早在20世纪70年代，西奥多·帕拉斯科瓦斯（Theodore Paraskevakos）就提出了关于智能手机的第一个设想，即在电话中使用智能技术、数据处理和可视显示屏。但直到1992年，IBM才推出了Simon Personal Communicator（西蒙个人通信器）。这是一款具有个人数字助理（PDA）功能的小型手持设备，它是手机的雏形，可存储和整理地址、日程安排等个人信息。

除了PDA功能以外，Simon Personal Communicator还可以拨打电话、发传真和收发电子邮件。

手持式平板电脑和大多数移动电话可浏览电子邮件和网页，这意味着人们可以将自己的上网设备放在口袋里。

个人数字助理（PDA）设备在20世纪90年代非常流行，例如图中的黑莓手机。然而，它们最终被可执行相同功能的智能手机取代。

1996年，诺基亚发布了9000 Communicator，这是一款带有全键盘和英特尔计算机芯片的手机。它具有与Simon Personal Communicator相同的功能，但增加了网页浏览、处理文字和电子表格的功能。"智能手机"一词于次年出现，当时爱立信发布了GS 88，也就是所谓的Penelope。其他公司也生产了类似的机型，但在整个20世纪90年代，智能手机在大众消费市场上依然很少见。

在21世纪初，塞班、黑莓、Palm和Windows Mobile成为越来越受欢迎的智能手机品牌，但其目标客户主要为需要随时保持通信的商业用户。从2004年到2007年，智能手机的使用量急剧增加，现在普通消费者和商务人士都在使用智能手机。

iPhone的影响

至此，商业领域之外的智能手机主要用于通信和普通的网页浏览。2007年苹果公司首席执行官史蒂夫·乔布斯推出iPhone后，情况发生了里程碑式的变化。苹果公司推出的智能手机具有强大的多媒体功能，拥有大型彩色显示屏和数字化触摸屏。

iPhone有一个颠覆性的创新就是它呈现网页的方式。过去版本的网页比较烦琐，有多重菜单，用户需滚动浏览。而苹果凭借其操作系统（iOS）中的网页浏览器，可以在手机设备上呈现完整的网页。

2007年，苹果公司发布了第一款iPhone手机。这款手机具备小型计算机的功能，它的出现改变了智能手机市场，引发了许多公司竞相效仿。

另一个关键的创新是苹果应用商店（App Store），用户可通过该平台下载和发布包括新闻、社交媒体、购物、音乐、游戏等在内的各种应用程序。

谷歌开发了自己的移动操作系统——安卓系统（Android）来应对iOS。iOS和安卓系统主宰了智能手机的操作系统市场，慢慢淘汰了其他竞争对手。几年后，触摸屏成为主流标准，带按键的智能手机逐渐衰落了。如今，制造商的目标是提高智能手机的性能，因此除了手机的基本功能之外，它们还可以充当照相机、网页浏览器、音乐播放器和游戏机。智能手机的一些性能，如扬声器质量、电池寿命、屏幕分

> 应用程序（App）是可下载到移动设备（如智能手机或平板电脑）里的软件程序。它们可用于连接社交媒体网站、发送和接收电子邮件，还可以用于执行其他各种任务。

辨率、存储空间等都在不断进步。iPhone和随后的其他所有智能手机占领了整个非商业消费市场，基本上成了人们的掌上多媒体电脑。

皮尤研究中心的数据显示，2013年，发展中国家的智能手机持有率为21%；但在2015年，这一数字上升到了37%——同期发达国家的智能手机持有率为68%，两者的数字鸿沟缩小至31%。在几乎所有接受调查的国家中，绝大多数人认为自己拥有某种形式的移动设备，即使它们不是真正意义上的智能手机。智能手机已经成为连接世界与互联网的移动资源。

数码配件

随着摩尔定律的继续生效，数字设备变得越来越强大的同时，体积也变得越来越小。如今，随着数码配件和具备类似性能的可穿戴设备的出现，智能手机市场正在发生分流。

一名男子戴着谷歌眼镜，这是一款带有小型屏幕的头戴式设备，佩戴者可以联网查看电子邮件、新闻、天气或社交媒体资讯。

2015年，苹果公司的智能手表Apple Watch上市，Apple Watch与iPhone配对，可以接收短信、电话和通知。它还融合了iOS和苹果应用程序，人们把它佩戴在手腕上，便可以记录健身数据，并进行健康追踪。与Apple Watch类似，但更专注于健康问题的Fitbit Tracker于2008年由其创始人詹姆斯·帕克和埃里克·弗里德曼推出，这是一款通过监测身体活动、饮食和睡眠来改善整体健康状况的智能手环。

2014年推出的谷歌眼镜，则是一种通过镜片向用户呈现信息的眼镜。佩戴者通过语音命令与互联网通信。其侧面包含一个触摸板，通过滑动可以查看当前热门事件、天气、照片、社交媒体资讯和拨打电话等。它还具有拍照和录制视频，以及使用诸如谷歌地图、Gmail和其他由第三方开发者提供的应用程序的功能。

虽然数十年前就已有设想，但是计算机科学家杰伦·拉尼尔在1987年才创造了"虚拟现实"（VR）这个术语。虚拟现实设备，通常是一种头戴式设备，让使用者看到互动的移动环境，使他们沉浸在三维世界中，同时给他们创造出在另一个地方的幻觉。20世纪90年代，VR开始流行，当时这一技术主要应用于游戏，有时也模拟战场以进行军事训练。现在VR已应用于电影中，为观众带来身临其境之感。

最近，数字技术开始与服装融为一体。CuteCircuit（英国服装品牌）目前已经成功推出了几个项目，有的正在生产中。这些概念服装包括：动能礼服（Kinetic Dress），它可以根据佩戴者的动作而发光；拥抱衫（Hug Shirt），当远方用户通过蓝牙设备发送"拥抱"命令时，它可以模拟拥抱的触感和温度；手机裙（M Dress）可以安装SIM卡，因此可以通过服装拨打和接听电话；智能衬衫（T-shirt-OS）可以播放音乐和拍照，并在服装上显示图像和文字。

从个人计算机到平板电脑

随着人们对移动性和便捷性需求的与日俱增，平板电脑已经开辟出了自己的市场。1972年，阿伦·凯发表了一篇关于Dynabook的文章，Dynabook是一款集平板显示技术、用户界面、计算机组件小型化及Wi-Fi技术等先进技术于一身的综合性计算设备。在20世纪80年代后期，Linus Write-Top和GridPad的出现把这种愿景变成了现实，Linus Write-Top和GridPad具有手写识别屏和手写笔。1993年当时还叫"苹果电脑公司"的苹果公司推出的MessagePad，它和Palm Computing公司于1997年推出的PalmPilot是最初的两款介于手机和笔记本电脑之间的掌上电脑，即个人数字助理。

21世纪初，微软公司开发了具有更多功能的彩色平板电脑。但直到2010年，苹果公司推出iPad，才使得平板电脑成了一款应用广泛的商业产品。iPad是一款拥有触摸屏，具备拍照及录像、音乐播放功能的平板电脑，还能安装大多数为iPhone手机而开发的应用程序。相应地，苹果公司的竞争对手三星公司推出了Galaxy，而亚马逊则推出了价格实惠，且主打阅读功能的Kindle阅读器。如今，有些笔记本电脑可以转换为平板电脑，也有些台式电脑配备了类似于平板电脑的触摸屏。然而，2015年平板电脑的整体销量有所下降，可能是由于手机的屏幕越来越大，并且具备许多和平板电脑相同的功能。

在美国，很多学校已经开始尝试用功能强大的平板电脑替代笔记本电脑、台式电脑和纸质教材。

云计算

云计算，或称"云"，是指通过互联网按需付费使用的计算资源。它依靠共享计算资源，而不是使用本地服务器或个人设备来处理应用程序。在这种基于互联网的计算中，不同的服务（如服务器、存储和应用程序）通过互联网传送到用户的设备，因此用户无须安装大容量硬盘来存储数据或购买可能只有短期需要的应用程序。

从某种意义上来说，云计算使你能够从全球网络资源上"租借"存储空间和软件程序，而不必以高昂的价格将它们永久地买下来。基于云计算的应用程序或软件即服务（Saas）在"云端"的远程计算机上运行，计算机由其他人拥有并操作，通常通过网页浏览器连接用户的计算机。

云计算的目的是将通常只在军事和研究领域用到的高性能计算能力，运用到消费者应用的程序（如金融投资组合、海量数据存储或大型沉浸式网络游戏）中去执行每秒数万亿次的计算。为此，云计算需要利用大量服务器组成的网络来分发数据，处理任务。

云计算的好处包括能够根据特定需求快速扩展或缩减资源，自助访问所需的所有互联网资源，以及仅提供你所使用的资源。对于企业来说，这项技术提供了更大的存储空间、更强的灵活性和更低的成本，但是，储存在"云端"的数据，不论是个人的还是公司的，其安全性都令人担忧。

大数据

人类的大脑会对事物进行自动分类，但大脑需要看很多例子才能区分猫和狗、印度食物和韩国食物，计算机程序也适用于同样的原则。即使是最先进的电脑也必须至少对弈上千场国际象棋，才能成为强劲的选手。当前信息技术实现突破的一个重要因素是大量被收集到的关于我们生存世界的数据，为程序提供了在任何场景中进行学习的信息，这些信息被称为"**大数据**"。巨大的数据库、网络cookies、在线足迹、年复一年的搜索结果及整个数字世界都可供计算机程序使用。

如果你在线搜索项链，则你随后访问的网站可能会显示项链广告，这就是大数据在起作用，它在收集你感兴趣的产品信息。事实上，大数据的关键应用之一就是了解并定位客户，搜索引擎可以通过大数据在你输入内容时提示你可能要寻找的内容。计算机在打游戏时，会融合之前游戏中的所有信息以作出更明智的决定。语音识别程序达到如今的准确度是因为它学习了数百万个语音案例。

　　政府利用大数据分析交通模式、执法情况和公共卫生，从而提高效率。如今，通过可以跟踪和整理大量数据的程序，数字技术可以应用于各种用途，包括**人工智能**（用计算机来模拟人类的智能行为，是计算机科学的一个分支）的开发。

人工智能的历史

　　人工智能研究的目标是创造"智能"机器，这些机器可以像人类一样独立思考，其行为方式也和人类相同。真正和人类一样思维开阔、具有独立思考能力和创造性思维的智能机器现时还不存在，但科学家们已投入了大量资金用于研究开发新一代人工智能计算机。如果机器除了具备无限的数据处理能力，还能像人类一样思考的话，它也许就会被认为是数字化时代的巅峰。

　　人工智能这个概念可以追溯到古代。犹太人的传说中有一种魔像，这是一个用黏土制成的自动化的仆人，可以通过在其嘴里放置一个魔法标记赋予他生命。移除魔法标记魔像就会变回无生命的黏土。希腊神话中，制造机械仆人的铁匠赫菲斯托斯、制造青铜人的塔洛斯也曾有制造智能机器人的想法。

　　人工智能的现代史始于1946年，约翰·冯·诺依曼提出了存储程序计算机；1949年，第一台存储程序计算机问世；1956年，约翰·麦卡锡在达特茅斯会议上创造了"人工智能"一词；同年，艾伦·纽厄尔、J.C.肖和赫伯特·西蒙开发了第一个人工智能计算机程序——"逻辑理论家"（Logic Theorist）。

　　1997年，IBM的"深蓝"成为第一台击败国际象棋冠军的计算机。当时它赢了特级大师加里·卡斯帕罗夫。

2011年，IBM"沃森"计算机在电视节目《危险边缘》上击败了两位前冠军肯·詹宁斯和布拉德·鲁尔，标志着人工智能取得了里程碑式的进展。

在2005年和2007年，机器人在一条新的沙漠小路上行驶了131英里（约合210千米），并在遵守交通法规的情况下在城市道路中成功行驶了55英里（约合89千米）。人机问答系统"沃森"在2011年击败了机智问答节目《危险边缘》的前冠军Brad Rutter和Ken Jennings。2014年，尤金·古斯特曼开发了一个聊天机器人，这是一个模拟人类通过互联网与人交谈的计算机程序，它使1/3的测试评判官认为对话双方都是人类。当然，部分原因是它说自己是以英语为第二语言的青少年。

过去，机器取代人类从事重复而技术含量低的工作。随着人工智能技术越来越成熟，它的功能也越来越强大，可以从事复杂的技术性工作或为这些工作提供支持。在劳动力、教育、军事甚至育儿方面，人工智能正显示出其将成为社会宝贵资源的潜力。

仿真机器人和赛博格

只要机器人保持外观上的机械感，人们就会很容易地把它认定为机器。但是，如果我们制造出具有仿真的皮肤、毛发或其他动物属性的机器人，我们可能就很难将其归为机器。如今，有两种研发正在齐头并进，一方面人类想制造外表像人类的机器人——**仿真机器人**；另一方面，通过在真人和动物体内植入机械或电子设备，以赋予他们机器人的功能，这种生物体被称为"**赛博格**"。

知识窗

赛博格教授

雷丁大学控制论教授凯文·沃里克是一个半人半机器的赛博格，他的体内被植入了三个与神经系统相连的微型电子设备。第一个植入物使得他能够在一栋建筑物周围被追踪到，当他走近时，门会打开，灯会亮；第二个植入物将他的神经系统连接到互联网；第三个植入物使他能够控制大西洋彼岸的机器人手臂。他希望最终能够下载自己的感受和想法，并将其存储在计算机中。他还希望能通过类似的设备与他人直接进行交流。为了帮助他实验，现在他妻子的体内也被植入了微型电子设备。

研究表明，我们更喜欢具有人类特征（包括皮肤、头发和身体动作）的机器人。2013年，佐治亚理工学院的科学家开发出一种机器人皮肤，上面有数以千计的细小机械毛发，在被触摸或受压时会产生电流。这使得带有"皮肤"的机器人具备了"触觉"，最终可应用于**假体**——替代身体缺失或受损部位的人造装置，或者用来让肢体受损的人恢复感觉。

2016年，东京工业大学的研究人员发明了一种机器人，它具有类似连接人体骨骼与关节的微丝"肌肉"组织，可以像人体肌肉一样收缩和舒张。这种机器人腿上的肌肉数量与人类相同，并且可以连贯平稳地移动。然而，它的力量仍然不足，需要支撑才能行走。

机器人Nadine和Sophia

科学家已经开发出了外形和人类十分相似并能像人类一样互动的机器人。Nadine是新加坡南洋理工大学于2013年研发的一款仿真机器人。Nadine是一名大学接待员，有柔软的皮肤和一头飘逸的栗红色头发，酷似她的创造者Nadia Magnenat Thalmann教授。Nadine不仅可以迎接访客、微笑、握手、进行眼神交流，甚至还可以识别曾经见过的客人并根据以前的聊天开始对话。她拥有自己的"个性"，能够根据对话主题表达快乐或悲伤的情绪。

Nadine的人工智能是建立在类似于苹果公司的Siri和微软公司的Cortana的技术基础上的，Nadia Magnenat Thalmann教授说社交机器人可以满足育儿、老年护理甚至未来的医疗保健服务的需求。

2015年，汉森机器人技术公司的大卫·汉森博士创建了Sophia（译者注：Sophia，于2017年获得沙特阿拉伯政府颁发的身份证），这款仿真机器人具有逼真的硅胶

Nadia Magnenat Thalmann教授30多年来一直在进行虚拟人类的开创性研究。她的仿真机器人Nadine被称为是"世界上最像人类的机器人"。

皮肤，可以模拟超过60种面部表情。通过将"眼睛"里面的摄像机与计算机算法结合在一起，她能够"看到"事物，变换面部表情，进行眼神交流及识别不同个体。通过使用Alphabet公司开发的Google浏览器这样具有语音识别技术的工具，Sophia可以理解语音，根据话题发言并不断学习。大卫·汉森说，他相信有一天，我们将无法区分机器人和人类，机器人也能具有散步、玩耍、教学、帮助他人并且与人们建立真正关系的能力。随着许多国家人口老龄化和劳动力减少的发展态势，像Nadine和Sophia这样的机器人也许有助于满足世界各地的实际需求。在某些领域，他们甚至可能会取代人类并占领大部分劳动力市场。

劳动力领域的人工智能

人工智能系统已经应用于工厂，许多非技术劳动过程实现了自动化，但随着法律和医学等领域的专家计算机系统的改进，人工智能系统可能也会取代一些技术性强的人力工作岗位。如果人工智能系统能辅助医生或律师进行诊断或决策，他们可能不再需要掌握详细的专业知识。

创造力是人工智能的另一个有潜力的发展领域。人们已经开发出了能够胜任基础写作的程序，并且让计算机谱写简单的音乐。人工智能系统可以根据人们的试听作品来判断他们的喜好，也可以分析人们喜欢的流行音乐或文学作品中的大数据。如果它顺应潮流，并能源源不断地从人类反馈中学习，最终就有可能创造出受欢迎的新作品。

人工智能已经在教育领域得到了有效利用。想象一下，一位博学多才且教学水平一流的老师，能因材施教，并且能够用不同的方式解释相同的概念而不会厌烦。基于IBM公司"沃森"系统的虚拟助教吉尔·沃特森（Jill Watson）是2016年美国佐治亚理工学院一门课程的9名助教之一。她帮助回答了来自在线论坛的300名学生提出的一万个问题中的许多问题，而且没有一名学生发现他们正在与人工智能程序互动，因为她回答问题的确定性高达97%。随着技术的进步，未来人工智能设备能在线下课堂中提供帮助吗？一些重要的教师素质如热情、关怀和幽默感，又如何实现呢？

在医学上，人工智能已经应用于诊断和治疗。2015年，IBM收购了Merge Healthcare公司，该公司能够帮助医生存储和获得医疗图像，其库存的300亿张图像可用于对"沃森"系统的训练，IBM公司希望借此创建能诊断和治疗癌症、心脏病等重症的人工智能。

"现代化医学"（Modernizing Medicine）是一项电子病历研发计划，涉及3 700名医疗服务提供者的集体知识，1 400万名患者的就诊信息，以及医生如何治疗疾病的数据。它可以即时挖掘数据并提供相应的治疗建议，这就是目前医学界人工智能制订决策的方式。人工智能暂时还不能替代对病人进行密切随诊的医生，但如果人工智能最终可以变成实实在在的护理人员，病人究竟是会为缺乏人与人之间的交流互动而感到悲伤，还是会因为不会每天都有人看到自己脆弱的样子而感到轻松些呢？我们需要仔细评估每个人的需求。

进阶阅读：不像"卡"的显卡

显卡长得像砖头，那为什么叫显"卡"？早期的电脑，很多功能都要安装各种各样的"卡"才能实现。上网要网卡，发声音要声卡，处理中文要中文卡，玩游戏要游戏卡，显示自然也要显示卡。

一个显示器输出信号的频率与早期CPU的主频相当。如果以CPU进行视频输出，那么CPU的几乎所有工作时间都会被拿去计算输出。这在电脑产品刚刚起步、价格居高不下的年代是难以接受的。

输出像素点不是很困难的事情，至少比设计CPU来得简单。科学家发明的视频显示卡（简称显卡）能够读取视频信息并输出到显示器上。CPU与视频显示卡各司其职，CPU负责计算图像并写入内存（存放显示数据的内存被称为"显存"），视频显示卡则将其输出。

最初的显卡，真的只有显示功能。随着需求的不断增加，软硬件工程师又给它加上了各种图像处理功能，成为"图形加速卡"，以代替CPU完成绘制任务。此时的显卡一般都带有3D画面运算和图形加速功能，提高了显示能力和显示速度，从而提升用户的操作体验。当时能有一块这样的图形加速卡，着实是人人羡慕的事情。

1998年，英伟达公司（NVIDIA）推出了GeForce 256显卡。由于使用了编程等新一代技术，它被命名为GPU——图形处理器。

现在，GPU已经是计算机最主要的部件之一。为了节省空间和成本，有的GPU被集成进CPU的芯片中，这样的显卡被称为"核芯显卡"，简称"核显"。依然保留着插拔式的独立显卡，是我们常见的显卡。

如今，显卡仍在飞速发展，其中玩家的游戏体验是推动显卡发展的一大动力。

从最初、最原始的"图形显示卡"变成现在的"图形处理器"，样子也从"卡片"变成了"砖头"，但是我们依然称其为显卡。GPU适用于大量轻量级、控制简单的运算，与CPU相比各有所长，两者相互依存。如今，游戏需求依然在推动GPU的发展，好的GPU意味着更好的游戏画质和流畅度。NVIDIA最新的搭载光线追踪技术的显卡能再一次提高画面的精美程度，许多"发烧"玩家为了体验游戏中的精彩画面即使花上万元的高价也要购买一个顶级的新显卡。

章末思考

1. 2007年推出的iPhone手机与之前的智能手机相比，有什么不同之处？
2. 说出云计算的三大优势。
3. 大数据影响个人和提升政府效率的例子有哪些？
4. 仿真机器人和赛博格的区别是什么？
5. 描述人工智能在医学领域的两大应用。

 教育视频

本二维码链接的内容与原版图书一致。为了保证内容符合中国法律的要求，我们已对原链接内容做了规范化处理，以便读者观看。二维码的使用可能会受到第三方网站使用条款的限制。

扫描右侧二维码，观看有关大数据的视频。

研究项目

使用互联网或学校图书馆，对大数据和隐私做简单的调查研究，并回答：政府是否应该从个人互联网使用记录中收集大数据？

一些人认为政府不应该从个人互联网使用记录中收集大数据，因为这是侵犯隐私的行为。政府无权知道我们在个人设备上购买什么、观看什么或交谈什么。政府中有人能够窥视到私人信息，这是不对的。

另一些人则认为，虽然牺牲了个人隐私，但政府有必要分析个人的互联网使用情况，以确保安全。如果不分析大数据，就无法阻止可能带来重大伤亡的恐怖袭击。此外，根据健康和消费实践的信息，政府可以制定更加合理的公共政策，使整个社会更加美好。

写一篇两页的报告，利用你在研究中发现的数据来支持你的结论，并展示给你的家人或同学。

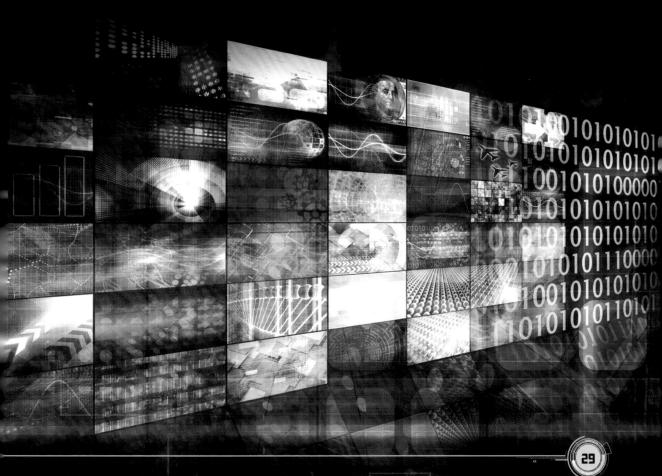

关键词汇

艾字节 —— 计算机存储容量单位，等于十亿千兆字节。

消费主义 —— 一种注重购买自己满意而非必需的商品的态度。

电子商务 —— 与通过互联网购买和销售商品或服务相关的活动。

24小时社会 —— 人们无论在白天还是晚上都可以随时进行购物、工作和去餐馆就餐等活动的现代社会。

带宽 —— 电子通信设备或系统（例如计算机网络）发送和接收信息能力的度量。

第三章　经济和社会影响

　　数字化时代让世界各地的人们可以获得看似无限的信息、巨大的实用资源和一个全球性的社区。我们不仅能够使用数字设备在互联网上做更多的事情，而且还可以随时随地联系。正如工业时代大量涌现的商品和服务给社会和人们的生活方式带来巨大变革一样，数字化时代也随着信息的涌现而日新月异地"刷新"着现代社会。这个时代对世界经济有什么影响？它是如何改变我们的交往方式的？这些影响对人们而言是积极的还是消极的？

艾字节

　　如今数字化在世界各地迅速发展，我们已不再使用"千兆字节"（gigabyte）这个词来描述全球存储量。取而代之的是艾字节（exabyte）——十亿千兆字节，可见数字化时代的数据量是多么的巨大。

　　2002年，数字存储容量首次超过模拟存储。有人说这是数字化时代的转折点。到2007年，94%的信息都是以数字化技术存储的。到2014年，这个数字已经上升到99%。2007年，全球在个人电脑、智能手机、CD及其他电子设备上的数据储存量总计为276艾字节。

在中国及世界上的许多其他地方都有这样的网吧，这些网吧让许多本来没有或无法使用电脑的人接触到互联网。

现在人们从电视、无线电广播、电话和网络中产生巨量的数据，每8周就能达到276艾字节，但大多数的数据从未得到长期存储。这是否意味着我们所使用的大部分数据没有价值呢？

速度和访问

我们的网速比以往任何时候都要快，而且网速的提高让我们在网上可以做的事情也跟以前迥然不同。在光纤电缆被引入之前，由于通过电话线传输的信息有限，在线观看视频几乎是不可能的。在数字化时代之前，我们必须去电影院或租录像带才能观看电影，但现在我们可以随时观看线上影院的电影，也可以使用流媒体来观看音乐会和其他在现实中遥不可及的活动。

我们可以随时在网上找到几乎任何话题的信息，也可以在网上购物、订票、理财、拍卖、和远方的亲戚朋友聊天，甚至是在家或外出时利用电脑办公。

不是每个人都想在日常生活中使用互联网，有些人反对网络的匿名性，他们更喜欢银行、商店或旅行社提供的线下服务。他们可能会对把自己的隐私输入电脑而感到不安或不相信网购的产品，也许他们宁愿花更多的钱来得到自己想要的东西，也不想担惊受怕地在网上搜索下单。尽管如此，全球范围内的网络用户正在以极快的速度增长，这对经济发展有重大影响。

互联网的兴起改变了人们的购物习惯。如今，不管住在哪里，消费者基本上都可以在网上买到任何东西。

数字经济中的消费主义

人们总有基本的需求，如食物、衣服和住所。然而，随着社会财富的不断积累和技术的进步，人们的欲望也随之改变，开始对获取非必需品产生兴趣。消费主义是一种价值观，认为购物并不是必不可少的，而是一种欲望。

在一个消费主义大行其道的社会，人们可以随时在网上销售和购买商品及服务，这被称为"电子商务"。人们可能沉迷于购物的过程中，并从他们购买的商品中获取身份认同感。他们可能关心购买的衣服、汽车和家具，因为这些东西塑造了他们希望展示给他人的自我形象。

现代的消费者期望有更多产品和服务的选择，以及随时购买的自由。因此，世界正迅速成为一个24小时社会，人们可以在白天和晚上的任何时间，在可能拥有的任何电子设备上购买商品和服务。很多商店从早上7点开到晚上11点，而几乎所有的在线业务每周7天每天24小时都在不间断地进行交易。这使人们可以在自己方便的时间段内购物，而商人可以不间断地销售。24小时社会也改变了人们的工作方式，许多人的工作时间比传统工作的朝九晚五的工作时间更长，但也更具弹性。

电子商务的影响力

1994年，杰夫·贝佐斯在他的车库里创立了亚马逊网站，并在两个月内通过销售图书获得了每周2万美元的收入。到2015年，亚马逊已经成为全球最大的网络零售商，销售的产品种类繁多，包括电子产品、家居用品、多媒体下载、流媒体内容和云计算服务。同年，亚马逊拥有23.08万名员工，3.04亿活跃用户账户，净销售额达1 071亿美元。这就是电子商务在数字化时代的影响力。

电子商务给消费者带来了很多便利，包括无须亲自到商铺或致电商店，在网上即可找到商品并能轻松比较价格从而达成最满意的交易；无须开车到处寻找所需商品，节省了时间和金钱；而且通常情况下，还有免费送货上门服务……

对于生产商来说，电子商务意味着节省资金，不必雇佣很多员工，也不必租用实体店铺，24小时销售，能收集消费者购物偏好的大数据，而且客户群也可以从一个地区扩展到整个世界……

这种模式对消费者和生产商来说是双赢的，数字技术正在改变商业模式。

亚马逊公司成立于20世纪90年代中期，当时它是一家网上书店，但经过发展壮大，如今该网站销售的产品种类繁多，年销售额也超过了1 000亿美元。

数字化时代的产品，迎合了用户对便利、快捷的移动产品的偏爱。最新的计算机甚至没有播放CD、DVD和BD（蓝光光盘）的物理驱动器，因为线上娱乐拥有大量的如音乐、电影等可以在线播放或下载的流媒体资源。正如前面所说，硬件也正在被云服务取代。

由于网上购物的兴起，相关经济也在蓬勃发展。麦肯锡全球研究院发布的报告显示，2013年全球互联网广告支出为1 096.9亿美元，但2014年上升至1 273.5亿美元，一年增长了16.1%。互联网广告占了全球广告总量的28.2%。航运业，尤其是卡车运输行业，也因为电子商务的发展而突飞猛进。2012年，美国卡车运输协会预测，到2023年美国卡车和总吨位将增长26%，整体收入将增长66%。这意味着卡车司机将有更多的工作机会，预计到2022年将会增长11%。

在数字经济中，每一位家庭成员都能成为真正的卖家。通过克雷格列表网和易趣网等网站，任何人都可以在自己家里做广告、销售商品或服务。即使是在交通运输方面，也有像优步这样的公司允许人们网上约车，以点对点接送的方式营利。

电子商务的成本

虽然电子商务在某些行业创造了就业机会和更广阔的市场，但它也对其他行业产生了负面影响。在2016年的一项研究中，摩根士丹利公司的分析师估计，亚马逊公司在美国服装销售总额中所占的比例约为7%，到2020年将达到19%。据他们估计，这家网络巨头的服装销量已经超过了美国除了沃尔玛之外的所有零售商。这导致百货公司的销售额下降，梅西百货、科尔士百货和诺德斯特龙百货在2016年的利润大幅下降。

类似的情况也发生在书店和传统旅行社等行业，由于消费者能够在网上自行下单，这些行业也面临着销售衰减的困境。不仅大型商店受到冲击，小企业也很难与大型网络服务

在线零售商的成功是以许多本地企业的失败为代价的，这些企业往往因无法与在线零售商竞争而倒闭关门。

商竞争。即便是在蓬勃发展的卡车运输行业，如果无人驾驶人工智能程序使得人类不再需要卡车司机，将会发生什么呢？这些行业的衰落意味着更少的就业机会，而许多人不得不努力适应这种变化。

数字技术带来的另一个金融问题是网络犯罪，包括欺诈行为，即卖家收了款而没有发货；以及犯罪分子通过身份盗用，使用无辜受害者的信用卡为自己购买物品。这些网络犯罪引起了执法部门的注意，他们通过预防和惩罚的手段来保护公众。

住在马来西亚农村的孩子们被智能手机上播放的视频迷住了。相对而言，发展中国家的贫困人口在掌握计算机技术和访问互联网方面仍处于劣势。

数字鸿沟

2015年，世界上40%以上的人口能够上网。在最贫穷的20%的家庭中，有近70%的家庭拥有手机。事实上，比起厕所或干净的水，最贫穷的家庭拥有手机的可能性更大。各国以不同的方式利用信息技术所带来的机会，但那些买不起上网设备或付不起网费的人，却被剥夺了在网上获得工作的机会或获得更便宜的产品的可能性。

人们在网上可以获得帮助他们提高生活质量的信息，他们可以从各个方面获得更好的服务，从飞机航班到银行储蓄，从网上购物到网上求职，并免费与潜在的雇主或商业伙伴沟通。而那些缺乏这样资源的人—— 极有可能是穷人或老年人，在可支配的时间和金钱方面上越来越处于劣势。

批评人士指出，这种技术鸿沟加大了"富人"和"穷人"之间的差距。2014年，最富有的1%人口持有全球48%的财富，次富有的19%人口拥有46.5%的财富，而剩下的80%人口只拥有全球5.5%的财富；80%的普通人口，每个成年人平均拥有的财富为3 851美元，是最富有的那1%人口的平均财富的1/700 000；世界上最富有的20%人口占私人消费总额的76.6%，世界上最贫穷的20%人口只消费了1.5%。数字鸿沟是否会使这些统计数据更加糟糕？我们是否应该保护贫穷的人们不被落在后面？

在2002年，发达国家的信息传输能力（带宽）是发展中国家的8倍，到2007年，这一差距几乎翻了一番。皮尤研究中心的报告称，2015年，21个发展中国家有54%的人使用互联网或拥有智能手机；相比之下，在同一年接受调查的11个发达经济体中，包括美国和加拿大，主要的西欧国家，澳大利亚、日本和韩国等环太平洋的发达国家，有87%的人使用互联网。发展中国家与之相比，意味着有33%的差距。

数字化时代的社会影响

除了经济的巨变之外，我们与他人交流的方式也受到了数字技术的深刻影响。在工业时代，我们可以与人见面，在固定电话上和他们交谈，或者写一封需要几天时间才能送达的信。如今，我们可以拿起手机，随时与世界上任何人进行视频聊天。

全球定位系统可帮助我们快速导航到某个住宅或咖啡店之类的见面场所，但社交媒体的快速发展使人们之间的交流日益成为数字化的互动。地球上接近1/4的人在使用脸书（Facebook），照片墙（Instagram）、推特（Twitter）和色拉布（Snapchat）等平台越来越受欢迎，人们可以超越国界进行见面和互动，可以每天查看某人的照片或视频，或者密切关注自己喜欢的名人的日常生活。

虽然人们交往的范围和交往的频率大大增加，但许多人认为，人际关系的深度却朝着相反的方向发展。许多人谴责，与电话或手写信件相比，网络社交缺乏人情味。人们能够发布或更新自己的状态和照片，但这可能并不是他们的真实表现。面对面交谈所传达的情感、创造力或对话深度，都是文本信息远不能比的。

对话人工智能

当今世界不仅人与人之间的通信越来越多，而且人类和机器之间也有了更多的"社交"互动——当你使用手机时，你是在和计算机程序对话。你可能会用语音导航菜单，或

知识窗

伊丽莎（Eliza）治疗师

　　1966年，一个名为"伊丽莎"（Eliza）的计算机软件诞生，它是由一名系统工程师和一名精神病学家共同编写的，主要用于心理治疗。它并不是一个真正的人工智能系统，它仅仅运用了一种简单的提问技巧。伊丽莎用提问的方式来回应人们的评论和问题，就像一个人类顾问那样帮助他人找到问题的根源。伊丽莎根本不理解客户的反馈，但能使用关键词来引出可能适合的话题。而令研究人员吃惊的是，这样的伊丽莎非常受欢迎。

在语音信箱留言，或发出订票的指令。当我们继续开发智能系统时，可能会有更多人机交互的应用。也许电话或在线帮助台可以使用人工智能系统来处理呼叫，这行得通吗？

2013年的一份报告指出，美国人平均每天查看手机150次。无论是智能手机还是互联网，都有越来越多的交互式人工智能程序，如苹果公司的Siri、亚马逊公司的Echo、谷歌公司的Now和微软公司的Cortana。它们可以用语音回答一个人提出的问题，播放用户点播的音乐，提供驾驶导航，购买电影票，甚至给出幽默的回答。这样的程序使得与电脑的交互看起来更像是在和一个人交谈，而将两者区分开来变得越来越困难。

有些人很难接受肥皂剧里的人物并没有出现在现实当中，他们可能会写信给演员，把他们和其出演的角色等同起来。有些人分辨不出在电话中与他们交谈的声音不是真人，而是电脑或人工智能系统。随着人工智能程序越来越像人类，这个问题将变得更加困难，因为很难分辨出你面前的这个"人"是否为人类。

深度对话

许多人发现与训练有素的心理咨询师或心理治疗师交谈有助于他们解决问题，你可能认为这是机器不可能完成的任务，但是最近计算机治疗系统的试验已经取得了非常可喜的成果。人们似乎觉得，如果他们与机器而不是人交谈，就可以保持尊严，同时保护自己的隐私。

那我们需要决定应该如何处理人工智能治疗系统接收到的信息，以及应如何处理根据该程序得出的结论。对于医生、治疗师或牧师，其行业有着严格的规定。对于人工智能项目，我们也要有类似的甚至可能更多的保护，以防止被黑客入侵。

每天，数百万美国人在脸书、色拉布、推特和照片墙等社交媒体上进行互动。

在线参政

现在许多国家，公众都可以从网上了解政府的信息和举措。使用互联网的人有更多机会了解与自己息息相关的政治和社会问题。一些国家正致力于建设在线投票选举，允许人们在家投票，从而提升投票率。目前，投票的障碍之一是需要前往投票站，在线投票意味着能上网的人比不能上网的人有更大的可能参加投票，这可能会改变投票的现状。

贝拉克·侯赛因·奥巴马在2008年和2012年当选为美国总统，在一定

在2016年美国总统竞选的大部分活动中，商人唐纳德·特朗普没有像传统候选人那样在电视、广播或互联网上做政治宣传，而是主要依靠社交媒体来吸引选民。

程度上要归功于其在社交媒体网站上成功的广告宣传，包括在推特上设置投票提醒，以及在脸书上与公众进行互动。在2012年的竞选活动中，贝拉克·侯赛因·奥巴马推文的转发量几乎是对手罗姆尼的20倍。此后美国各级政府举行的选举都将社交媒体纳入其竞选活动范围。

章末思考

1. 列出电子商务中的消费者和生产商各自拥有的三大优势。

2. 在数字化时代，要注意哪两种网络犯罪行为？

3. 社交媒体如何影响人际关系的深度？

 教育视频

本二维码链接的内容与原版图书一致。为了保证内容符合中国法律的要求，我们已对原链接内容做了规范化处理，以便读者观看。二维码的使用可能会受到第三方网站使用条款的限制。

扫描右侧二维码，观看有关社交媒体的视频。

研究项目

利用互联网或学校图书馆，对电子商务做简单的调查研究，并回答：电子商务对社会有益吗？

一些人认为电子商务是有益的，因为它让人们有机会进行网上购物或网上约车，在白天或晚上的任何时候都可以办公，为人们提供更高的灵活性、更多的时间和更大的便利。

另一些人则认为电子商务对社会无益，因为它让人们变得越来越物质化，购买他们不需要的产品。购物者更多时候待在家里，身体运动和社交活动减少。电子商务也导致一些实体店倒闭和员工失业。

写一篇两页的报告，利用你在研究中发现的数据来支持你的结论，并展示给你的家人或同学。

关键词汇

盗版 —— 未经许可的非法复制。

知识产权 —— 智力劳动所创造的成果（一种思想、发明或过程），包括与此相关的申请、权利或注册行为。

网络安全 —— 为保护计算机或计算机系统（在互联网上）而采取的网络安全措施，以防止未经授权的访问或被黑客入侵。

勒索软件 —— 一种恶意软件，除非支付一笔费用，否则将阻止个人对计算机系统的访问。

加密 —— 将信息从一种形式转换为另一种形式，以隐藏其含义。

公民自由 —— 人们有权做或说不违法的事情而不被政府制止或打断。

审查 —— 检查书籍、电影、信件等，去掉那些对社会有害的内容。

第四章　管理数字内容

　　是否应该对互联网的使用进行管理？如有必要，应该由哪方主导？部分网络服务的管理十分规范，例如域名的分配（网址），但由于其庞大的数量，加之各国规范各不相同，因此监管网络上发布的所有内容实属不易。有人认为进行管控非常必要，但什么内容应该被禁止？我们需要保护什么？谁需要保护？对此人们观点各异。也许我们都应该远离色情作品，又或许成年人应有自由观看此类内容的权利。我们应该禁止传播可能造成动乱或暴力的信息。

　　不幸的是，犯罪与危险是数字化时代的一部分。从盗版音乐和电影，到窃取人们或政府的信息，非法活动也随着技术的进步而发展。有人向群众传播网络病毒，以扰乱工作，破坏设备。"如何制造违禁药物""如何发起恐怖袭击"这类非法信息也在世界范围内的网络上传播。我们应如何做才能在允许他人随心所欲地使用数字技术的同时，阻止不法分子利用数字技术进行犯罪活动呢？

一个小贩正在摆摊售卖盗版音乐光盘和电影光盘。盗版，即盗用知识产权，包括电影、书籍、软件和音乐等的知识产权。

公平行事

并非所有信息都是为了自由共享。以写作、音乐和电影制作及其他创意活动为生的人无法免费分享其作品。然而互联网为人们提供了分享和窃取信息的平台，任何人都可以在网络上发布内容。人们可以利用数字技术，迅速将信息传送到世界的任何地方。因此，人们可以轻易在网络上传播盗版或非法复制的视频、音乐及软件。你可以在某些网站找到最新的音乐和电影，还可以免费下载，而且这些盗版产品与商店中出售的数字产品别无二致。盗版意味着原创作品的作者无法收到应得的酬劳。

在美国，出售的可供家庭观看的电影中大多都有此条联邦调查局发布的版权警告。

知识产权是创作者对其作品享有的所有权。企业对其新发明和发表的图像、影视作品及其他产品都享有知识产权。知识产权的相关法律旨在保护那些不是制造实物而是表达创造性思维的人，违反者可能会因侵犯版权而被起诉。这些法律还禁止未经授权而使用图片及文字内容的行为。

你很可能在DVD或者蓝光电影的片头看到过美国联邦调查局（FBI）关于禁止未经授权复制的警告。该警告同样适用于音乐、软件及其他网上发布的内容。购买诸如软件之类的数字产品并不意味着你拥有了其版权，相反，你购买的是在版权所有者（通常是发布者）限定的范围内使用该软件的权利。

合理使用原则

很多国家的版权法规定，在某些特定情况下，只要是"合理使用"，则允许在未经许可的情况下复制一小部分受版权相关法律保护的资料，包括批评、评论、新闻报道、教学和学术研究，以期能够促进言论自由。只有小部分受版权相关法律保护的作品可以复制，但不可用来营利，还应清楚地注明作品的出处。

网络安全

如果企业认为有利可图，就可能会花费大量资金来获取他人的个人信息，例如，他们可能想要一个人的联系方式以推销其产品。互联网使人可以轻松获取甚至窃取这些信息。

很多国家都有相关法律以保护人们的个人信息不被滥用。英国《数据保护法案》规定，想要获取他人的个人信息，必须先在信息专员处注册，还须说明信息的用途，同意仅将其用于指定目的。这就意味着学校可以掌握有助于教育和关心学生的相关信息，但不能将学生的个人信息出售给可能会借此游说学生加入电影俱乐部的公司。

维基解密是一个国际性的非营利组织，该组织专门公开匿名来源和网络泄露的文件。2016年，该组织公布了被美国民主党国家委员会的黑客盗用的数千封邮件。此次邮件泄露事件让美国政党领袖汗颜，也使人们重新开始关注网络安全问题。

入侵和勒索软件

网络安全指的是个人计算机或互联网上的计算机系统免受未经授权的访问或攻击。各国执法部门将打击两种网络犯罪列为安全防护的重中之重。

第一种是计算机和网络入侵。此类攻击可能会摧毁重要的系统，扰乱社会服务系统，甚至使全国的医院、银行和应急服务瘫痪。每年，为修复遭受此类攻击的系统要花数十亿美元。

有了非法获得数字信息的渠道，企图占据优势的企业可能会攻击竞争对手的网站；罪犯可能会窃取你的个人信息并在黑市上售卖；恐怖分子可能会通过网络抢夺重要信息或者发起攻击……为了应对这些威胁，美国联邦调查局设有专门的特工调查此类犯罪，主要是防止计算机入侵，保护知识产权和个人信息，防止儿童色情、广告推销及网络诈骗。

第二种是**勒索软件**，即恶意软件。这类软件会锁定有价值的文件并且向用户索要赎金。医院、学校、州政府和地方政府、执法机构，以及大小企业都曾遭受过这种攻击。

在勒索软件攻击中，受害者会收到一封带有附件的电子邮件。这个附件可能是看似合法的发票或者电子传真，但其实是恶意勒索软件代码。邮件中还可能包含恶意网站的网址，使计算机受到恶意软件攻击。美国联邦调查局会对勒索软件提起公诉，并在勒索软件破坏计算机系统时，及时采取预防措施和实施备份计划。

国家边界

各国关于保护网上个人信息的法律法规各不相同。各国的相关组织必须遵守各国自己的法律规定。比如，你的个人信息是储存在另一个国家的计算机中，如果你的个人信息被转移至第三国，那适用的就是第三国的法律了。

2016年，黑客入侵了美国共和、民主两党的计算机系统，人们担心此举会影响总统选举的结果。

如果你在波兰的网页中输入了你的详细资料，那么适用的就是波兰的法律。欧盟和美国正就应如何使用个人信息争论不休。目前，这些国家的标准各不相同，这会对你造成什么影响呢？你可能无从得知他们掌握了你的什么信息，这些信息储存在哪里，以及别人可以利用这些信息做什么。

身份盗用

通过查找密码及其他方式入侵计算机系统的人被称为"黑客"。很多黑客破解计算机系统是为了获取经济利益，为了破坏系统或者盗取信息，但也有人只是为了证明自己的能力。互联网加速了身份盗用的泛滥，有人会非法盗用其他人的个人信息，并将其用于盗窃或者欺诈。这些数字小偷会盗取你的关键信息，例如姓名，生日，地址，社保号码，护照号码，金融账号、密码，以及电话号码等，并利用这些信息实施犯罪。

据美国政府统计，在2012年，身份盗用造成的经济损失高达250亿美元。在这一年，约有1 660万的美国人至少经历过一次身份被盗用的事件。

很多人担心黑客会入侵他们的银行账户；或者盗取他们的信用卡信息，并用他们的信用卡购物；或者盗用他们的信息，然后以他们的名义发送垃圾邮件。私家侦探不再仅仅是跟踪和监听电话，现在他们也会雇佣黑客，通过访问电脑文件和拦截电子邮件，对目标进行全面的调查。

知识窗

电子版权提示

·你可以在受版权保护的、经内容所有者授权的网站下载和传输音乐、电影和软件，无论该网站收费与否；

·绝不允许从盗版站点或种子网站这类点对点系统下载未经授权的内容；

·将未经授权的多媒体内容复制并交与他人是违法行为，在点对点系统中上传影音作品亦然。

安全购物

即使没有黑客，也不是所有的计算机系统就能安全无虞，因为计算机毕竟都是由人来进行操作的，而人总会犯错，或误解意图，或操作失误，甚至受贿泄密。只要信息储存在计算机系统中，就会有风险。

一些购物网站还有其他网站鼓励用户进行"一键购物"。对那些一直使用同一台电脑和同一张信用卡的用户而言，这是一种快捷的购物方式，他们不必每次购物都输入信用卡信息，这些信息都被储存在了电脑上。网站鼓励用户仅在安全的场所，比如自己家中进行这一操作，即便如此，风险仍存在。如果有人看到了你一键购买的账户信息，他们就可以盗用你的金钱。

隐私事项

互联网使交流和分享信息变得十分便捷，但也令其他人能够更轻易地利用技术手段，监控我们的网上活动，窥视我们的隐私。当你使用电子邮件、网页、聊天室或者网上购物时，你在电脑上的操作都是可追踪的。监视你的可能是网络零售商，也可能是某些部门，他们会声称他们在收集数据，以保护或提升用户体验。

有的软件一旦下载，其他人就可以访问你的整个计算机数据库。这样一来，你的信息就在你毫不知情的情况下被窃取了。被窃取的信息包括你安装的软件和浏览过的网页，甚至还有你硬盘中的文件内容。如果你在电脑上安装音乐播放软件，该软件会经常不经过你的许可就连接网络，当你在播放音乐时，会将你的播放列表发送至专门收集用户音乐喜好的数据库。这听上去似乎无足轻重，但是此类软件也可能从你的系统中收集其他个人信息并发送出去。

学校和企业的计算机中，每个人都有登录名（账号）和密码。这些身份信息由系统管理员设置和管理，系统管理员可以查看你计算机中的内容，还可以重置密码。在很多组织中，尤其是那些不允许计算机私用的组织，系统管理员有权检查组织成员在计算机上的操作，如果涉嫌违法活动，执法人员会强制检查。

为防止计算机被搜查，有人会使用**加密**程序，用难以破译的方式对数据进行编码，以保证通信的私密性。计算机文件和电子邮件也可以用强大的代码进行加密，即使使用其他计算机也难以将其破解。

监管与安全

你写的每封邮件，打的每个电话，还有用手机发的每条信息，都有可能被网络监控。国际监视系统可追踪世界各地的卫星通信，每天有数以百万计的电话和信息被拦截，软件会对可疑内容进行扫描。

很多人担心他们的通信内容和网上活动受人监控，而监控他们的人可能会犯错误、泄露信息，甚至用掌握的信息做坏事。他们认为这侵犯了个人隐私，我们的**公民自由**，即作为公民的权利也没有得到保障。对方则称需要通过追踪和查看通信来打击犯罪。然而还是有人希望能保留一些秘密，即使这些秘密并不违法。

现在很多公共场所都安装了电子监控摄像头。

在2001年9月11日美国发生恐怖袭击事件之后，美国总统小布什和美国国会通过了《美国爱国者法案》，该法案赋予了美国司法部、美国国家安全局和其他联邦机构对国内和国际的电子通信进行监控的权力。此外，该法案还为执法机关、情报机构及国防部门扫清了障碍，使其能够更好地共享潜在恐怖主义威胁的有关信息并协力应对。然而，人们普遍担心个人隐私被侵犯，以及政府权力被滥用。

华盛顿哥伦比亚特区的国会大厦外，美国人正参加反对政府监视策略的示威游行。

2003年，美国国家安全局的雇员爱德华·斯诺登发现了美国国家安全局对美国公民的日常监视程度如此之深，他收集了相关的绝密文件，并将描述监控细节的文件披露给了报社。这引发了关于政府侵犯公民隐私的巨大争议。2015年，奥巴马总统和美国参议院通过了《美国自由法案》，该法案将部分已到期的《美国爱国者法案》中的条款进行重新授权。这是历史上法律首次限制情报机构收集美国公民的电信数据。

审查网页

你几乎能在网上找到任何东西。这是好事吗？还是应该对某些内容加以限制？很多国家都制定了针对出版物及影视的相关法律，网络应该例外吗？

审查是指对书籍、电影、信件和数字内容进行检查，删去违法的、有攻击性的、不道德的及对社会有害的内容。审查制度一方面可以使人们免受不良内容造成的不适或伤害；但另一方面，审查制度还可能通过限制人们以不妥当的方式制造或使用信息，从而限制人们的自由。现在还没有全球性的网络审查制度，但是很多国家都有适用于其境内网络内容的法律规定。有人试图跨境传播非法内容以避免被起诉，打击此类行为需要国际合作。

审查制度

鉴于不同的文化与价值观背景，各国对于违法和有害信息的判断标准有所不同。每个国家审查网络的目的各不相同。因此，各个国家的互联网审查制度也不尽相同。

一些国家主要以危害国家安全和稳定的恐怖主义、种族主义，以及儿童保护和网络色情等民众广泛认同的价值观作为互联网内容审查的切入点。

德国法律明确规定网吧要过滤包含极端言行、纳粹主义、恐怖主义、种族歧视、暴力及色情，尤其是儿童色情等内容的非法网页。

澳大利亚政府近年来依据其网络安全计划打造了一个网络过滤器，黑名单包含"不适合儿童"和"违法内容"两种信息，就是为了屏蔽一切澳大利亚政府认为有争议的或有损国家安全的网页。

新加坡的《互联网行为准则》具体规定了互联网服务提供商和内容提供商不得传播"违禁内容"，这些被禁止的内容包括违反公众利益、社会道德、公共秩序、公共安全、国家安定，或其他被新加坡法律禁止的内容。

鉴于互联网传播有害信息的负面作用日益凸显，甚至成为某些国家之间互相渗透的重要工具，越来越多的国家加入网络审查的行列中，积极寻求对策以改善或解决这些令互联网备受指责的焦点问题。

保护不易

很多人认为，如果网站教人们如何伤害他人，比如介绍制造武器、杀人及虐待他人的方法，就该对这类网站进行审查。有的书中也有此类内容，但是网络上的内容更加难以掌控，因为每个人都可以访问网站，获取此类信息。

评级系统正在开发当中，该系统可以帮助人们判断什么网页适合浏览。家长可以通过在浏览器中安装过滤软件或者在搜索引擎中使用"安全模式"来保护孩子和自己。有的过滤软件的工作原理是只显示评分合格的网页，但由于很多网页都没有进行过评分，所以这种方法有一定的局限性；还有的过滤软件会通过审查一个页面中的内容以判定是否显示该网页，但这种方法也并非永远可靠，因为无法过滤掉所有令人不快的内容。过滤软件在图书馆和学校这样的公共场所应用广泛，但在酒店、网吧等地方，情况并非总是如此。

知识窗

Napster上的音乐

Napster.com是一个允许用户分享音乐的网站。Napster的会员可以上传自己购买的CD中的音乐，其他会员可以听上传的音乐，而不用另外购买这张CD。

Napster称，理论上讲这是合法的。该公司将他们提供的服务比作是邀请朋友来自己家听新CD。问题就在于Napster面向所有人开放，全世界都可以在此免费分享音乐。音乐界对此表示反对，并将Napster告上了法庭，他们声称Napster分享受版权保护的音乐的行为是违法的。尽管Napster可以为自己辩护，但打官司用尽了所有资金，最终关闭了网站。

copyright illegal piracy

p2p **TORRENT**

crime download

如果在未设防的环境中使用互联网，儿童和其他易受影响的人群就会面临很多危险。他们可能会被网上聊天吸引，与看似友好的坏人见面——在网络上匿名或者伪装自己非常容易，还可能会收到诈骗邮件，身陷无法负担的在线赌博，或者加入种族歧视组织。

有些网站会针对特定人群，如囚犯，将他们的释放日期及犯罪记录公布在网站上，供所有人查看。每个州都有性犯罪者记录，有些网站会提供性犯罪者的身份，其中也包括他们的住址。这些信息会在囚犯被释放时公布以提醒居住在附近的人们。

由于互联网的运作方式，很难找到人为网上发生的事情负责。目前，多数觉得被网络内容伤害过的人都是孤立无援的，他们只有靠自己避开有害的内容。但是很多互联网用户并不了解这些危险，也不知该如何避免。这公平吗？我们应该指望那些通过销售电脑、软件和网络服务获利的人采取更多措施来保护用户呢，还是接受我们应该为自己的网络体验负责的观点更为现实？

访问受限

在有些国家，互联网的使用会受到政府的限制。人们没有可连接互联网的设备，或者只能浏览受限的网站。

网络上发布的众多信息和多媒体内容是由西方国家，尤其是美国主导的。很多国家并不赞同西方在宗教、文化和政治方面的某些观点。网络上发布的部分内容可能会违反当地的法律。例如，在不允许喝酒的国家介绍酿造啤酒方法的网站就是违法的。

西方人的一些生活方式与宗教观念紧密相连，而宗教信仰在不同的国家有不同的表现。在一些国家习以为常的习俗，例如人们的穿着，在另一些国家，就可能会冒犯传统和信仰不相同的人。有些国家希望通过禁止西方国家的网站和其他的网络服务，以保护他们的人民，使其远离他们认为会腐蚀精神和道德的内容。

进阶阅读：人人可为监督者——区块链

● "记账"的演变

早在原始社会，人类就开始进行数据记录了。不过记法相对传统，如结绳记事，或者在龟甲、兽骨上刻下象形文字。约公元前5世纪，人们就已经发明了记账法。

时至今日，专业的记账者——会计，已经和计算机密不可分。计算机让会计工作不断完善和发展。

在银行、移动支付等系统中，服务提供商通常会拥有若干个中心服务器，一切数据以服务器数据为准。不过，若是管理员篡改数据监守自盗（造假账），或者出于其他目的向第三方透露这些信息，用户就会显得很被动。

改变这一问题，说到底就是要改变"一份账"的操作方式。举个例子，两人之间的借贷关系可以向周围的所有人公开，所有人都可以拿小本子将"A借给B人民币共壹佰元整"记录下来。届时若发生了争执，则可参照其他人的记录。只要整个系统中大多数人是诚实的，那么赖账就无可遁形。

这就是区块链的思想。只要你愿意，它就可以记录任何信息；同时，只要有足够的记录者监督，所记录下来的信息也就能够防止被篡改。区块链之所以能成为现代IT界最热门的技术之一，是因为区块链是对现有信任机制的一次大升级。

● 区块链的思想

区块链就是实现了"去中心化"公证的一种方法。我们在生活中的一切操作，都可以被"日志"记录下来。这里的日志不是简单的日记，而是一系列操作的完整记录：比如，在购物网站，买家拍下商品，生成订单，支付费用，卖家发货，买家确认收货……都被记录到日志之中；成功的移动支付也会被日志记录。

除此之外，任何与金钱相关的交易也可以写入日志。以银行为例，银行只要把客户第一次的存款数额以及每一次的交易都记录到日志中，那么客户的余额甚至不需要记录下来，每次只需要从头到尾检查一遍这个人的交易记录，就可以计算出这个人的账户余额。

日志的形式还有很多，但是一切形式的日志都是在做记录。因此，只要能够顺利公证这些日志，让你做过的每一件事都被确认，同时公证体系基本完整，那么抵赖就无处遁形了。

同时，人们害怕这样一种情况：要是所有的日志都由一个人掌握，其他人的记录不作数，就会有人担心这个权威的中心代理篡改数据，为所欲为，所以大家都希望这个日志是分布式的，所有人都有补充信息的权利。

那么，区块链想要解决的核心问题是：如何在日志本掌握在多人手中的前提下，让公证机制顺利执行？即日志本如何在多人手中保证数据一致？我们自然能想到一个方法：这个日志被分发到很多人手中。任何人想查证一项东西，都可以向这些人提出询问，进行"查账"。

如果不同的拥有账本的人返回的结果不一样，出了偏差，怎么办呢？你可能也想到了一个方法——如果出现冲突，就以多数人的为准。这样就可以解决大多数的问题了。

假如很多"合伙人"开发一个"去中心化"的银行系统，这些人手上都有一个日志本。普通民众要是愿意，也可以得到这样日志本的副本；甚至要是有加入意愿，那么他自己也可以注册成为"合伙人"。A、B两人都是客户，他们账户上都有一些钱。某年某月某日，A想给B转账500元，那么就签一张交易单：A给B转账伍佰元整，附上支付方A的身

份证明发给任何一个"合伙人"。"合伙人"收到交易单后，若验证交易单合法，那么就在日志本上记上新的日志："用户A转账给用户B金额500元"。之后，这位"合伙人"还要干两件事：首先在自己的网站上公告，称自己认可了这笔交易。接着，"合伙人"把该交易信息转发给其他所有"合伙人"，让其他人都得知该交易，并把数据相互同步。

这里有两个有趣的问题。一是"合伙人"为何要浪费精力去进行记录呢？这个问题可以通过支付手续费来解决。另一个是如何防止身份被盗用的问题。这个问题放到现在其实也不难解决，因为密码学的发展带来了非对称加密算法、数据摘要算法。通过这样的算法提供你的身份证明，其他人则无法盗用。不过，这样的模型有安全性问题。按理说，钱这个问题，是再怎么严肃也不过分的。在计算机中，如果没有校验技术，那么篡改日志就简直易如反掌。尽管你可以从多个人手中读取信息，但是这样的方案仍然比较落后。

能否用校验机制来解决这一问题呢？所谓校验机制，就是人为地为数据添加一段冗余数据来进行正确性验证。举个例子，我们手中的二代居民身份证就使用了校验机制。身份证号码由18位组成，前17位是本体码，最后1位是校验码。验证时，通过前17位可以算出第18位，再比较两个数值是否相同，两者若不一致，则可判定该身份证号码有误。校验码算法是特殊设计的，只要某一位数字输错了，或者相邻两位不慎调换，那么校验所得都不一样。

计算机的应用有十分复杂的校验方法，如MD5、SHA等数据摘要算法。只要生成日志的时候，能够将日志的"校验码"保存起来，那么账本所有者只要篡改日志，就会与校验码不一致，篡改也能被及时发现。

比方说，"用户A转账给用户B金额500元"的校验码为eebf9311dd2171e6。如果这个信息被篡改，比如改为"用户A转账给用户B金额5元"，那么校验码就会变成f8bb7cb57a50aaba。修改后的数据会被计算出完全不一样的校验码，只要稍微计算就可以发现问题。

这个方法还有一个问题，就是这个校验码保存在哪里。如果像日志一样直接保存，那么篡改数据的人在篡改后，可以立刻算出篡改后数据的校验码，并篡改校验码。那又该怎么办呢？

这时候中本聪站出来了："我们可以这样办。"

原来的日志并没有专门按页分块。中本聪改进了日志本的结构，然后把新型日志本称为"区块链"。区块链按页整理，每一页就是一个区块。每整理出一页的日志，日志管理员就算出整页数据的校验码，填入到下一页账本中。同样，当下一页的日志都填写成功后，日志管理员也计算出整页数据（包括上次填写的校验码）的校验码，填写到下下页中……如此反复，每一页的校验码都与上一页密不可分。

这时候篡改者就犯了难：要是篡改第100页的某项数据，就会导致这一页的校验码改变。这个校验码又保存在第101页。第101页的校验码与第100页实际情况并不匹配，按照约定是无效的。为了让第101页有效，它又要修改保存在第101页的校验码，这时候保存在102页的校验码又不匹配了……总之，要想修改某一页的数据，其后续所有区块的数据都要算一遍。

到这里还不算最难的，因为借助计算机，这个计算还不算太过耗时。中本聪还提出了一个更为"变态"的规定，只有前××位都是0的校验码才是有效的！大家不解：一页数据定下来后，它的校验码就是唯一的。绝大多数情况下，这个校验码根本不合法。那区块链岂不是废了？

中本聪回答：日志本预留了一个"魔法数字"位置。计算校验码的时候把魔法数字也一起计算。你们可以尝试很多种魔法数字，直到有一个让全页校验码符合要求。

这就是中本聪对篡改数据者的杀手锏。

中本聪这一举措，实际上是为了提高记录日志的难度，让篡改变得困难重重；同时，又能限制区块的生成速度。

中本聪又公布了他的账本的诸多细节，并在此基础上提出了比特币。

● 比特币的运作机理

比特币是一种加密数字货币。比特币大体上与上述的"合伙人银行"相似，一切以交易日志（账本）的形式出现。系统并不存储余额，而只是记录每一笔交易。只要每一笔交易的付款方、收款方、交易金额都确定，那么每个人的余额都可以推算出来。当你支付时，你要将收款方、付款方、支付金额及支付者的身份证明打包投递到"矿工小组"处。只要你的身份证明合规，并且余额足够，你的钱就可以被划到相应的账户中。

"矿工小组"定期收取交易单。收到上述交易单后，"矿工"要先检查身份证明及付款方账户余额是否足够（根据账本可以推出余额是否足够）。若是足够，则可将该交易单的内容填写到下一页中。

填写是整个交易最困难的地方。检查交易单合法后，"矿工"要将所有未处理交易的信息、"矿工"身份、上一个区块的哈希值以及魔法数字合在一起计算校验函数中的计算结果。整个区块中的数据，唯一能改变的就是上文提到的"魔法数字"。说它困难，是因为上文说到的"前××位都是0"要求只能通过穷举海量魔法数字来实现，尝试魔法数字要耗费大量时间，同时风险又很高，而伴随耗时长、风险高的是高收益，所以该过程又称"挖矿"。"矿工""矿池"等概念也因此派生而得。

经过多次尝试，某"矿工"发现了一个符合要求的魔法数字，这意味着他们小组生成了一个合法的区块。

中本聪又规定，成功挖掘到合法区块的，前210 000个区块奖励50个比特币，之后210 000个区块奖励减半，再210 000个区块后再减半……如此循环33轮，约在2140年，比特币总量达到接近2 099.999 999 76万后，就不再奖励。由于"矿工""挖矿"所获得的奖励又是比特币的唯一来源，因此比特币上限就是差不多2 100万枚。在2019年初，每生成一个合法区块可以获得12.5个比特币。若不出意外，到2021年，生成合法区块的奖励会下降到6.25个比特币。

为了获得这一笔奖励，这个"矿工"会立即把这个合法区块发送到其他"矿工"手中，此时其他"矿工"也在"挖矿"，如果耽误了，别人可能也会挖到该区块。其他的"矿工"收到后，便立即验算该区块——检查区块哈希值是否满足前××位都是0、付款人账户余额是否充足、前一个区块是否与自己的账本符合等条件。如果一切正常，那么其他的"矿工"也会承认这一区块的合法性，将该区块也添加到账本上，并放弃当前未完成的"挖矿"工作，转向下一个区块；所在的"矿池"也会贴出公告，公开承认这一区块的合法性，这意味着区块记载的交易被"矿池"承认了。看到各大"矿池"都挂出相关消息后，付款方和收款方也知道自己的交易成功了。与此同时，生成该合法区块的"矿工"的"挖矿"收益也获得了承认，挖到"矿"的"矿工"就可以支配他"挖矿"赚到的12.5个比特币。如果"矿池"另有规定，这12.5个比特币就由这个"矿池"内的"矿工"按照出力程度（算力）来分配。

高度	播报方	大小(B)	块收益	时间	块哈希
563,247	Bixin	1,373,477	12.95799967 BTC	1 分钟前	0000000000000000023260a073809cd1ba7cf7ae4b94428ca381cfc2b329f46
563,246	BTC.com	1,158,922	12.64495009 BTC	32 分钟前	0000000000000000000eb775bd0edf429ee384453e2e276692544b0b057c96ed
563,245	unknown	1,149,226	12.68172956 BTC	39 分钟前	000000000000000002440bda2df905c7740c9d8e0e45c607b613869fb6b225d
563,244	BTC.com	1,267,795	12.92226571 BTC	47 分钟前	0000000000000000d4a9d82205fcdb794e01cc241e060cdcb35364b775410
563,243	DPOOL	857,607	12.61602402 BTC	1 小时 11 分钟前	0000000000000000005c18d8064d75509babe5ea9e046e381dad0d3e7ebc7ed
563,242	F2Pool	450,888	12.54573117 BTC	1 小时 19 分钟前	00000000000000000029ccf22d9ec557d8d817e9d849f0943a9e03d18c9c8b32
563,241	BTC.TOP	1,079,166	12.57081799 BTC	1 小时 22 分钟前	0000000000000000000cab30c4aa99ebb034656130ddbbb3396461172dec1559
563,240	Poolin	1,273,412	12.78902128 BTC	1 小时 27 分钟前	0000000000000000015bfa4dced109a625473cae4fe165ff0fdad0baf02f056
563,239	F2Pool	1,246,639	12.56547654 BTC	1 小时 52 分钟前	00000000000000000017fe3d3dd39b680ce0e3cdcdc3bd63be9965002dc19cea
563,238	AntPool	1,054,959	12.54062575 BTC	1 小时 56 分钟前	00000000000000000002586ee09aa005a5d6417e56340c358f7b4af9f51ed902c

BTC.com上的公告板。播报方是"矿池"组织。一般来说，块收益会大于12.5，因为支付双方愿意为"矿工""挖矿"附上一笔手续费。除了大"矿池"外，还有匿名小"矿池"参与"挖矿"。"挖矿"难度也不是一成不变的，而是会动态调整，以实现平均10分钟出块一次的速率。

● 加密货币的现状

谁也没有料到比特币的疯狂。

最早比特币发行时，只在很小的一个圈子里面流行。2010年5月18日，佛罗里达州"矿工"Laszlo Hanyecz在2010年5月22日用10 000个比特币交换得到2个比萨。因为这一换购比萨的举动很有纪念意义，这一天被纪念为"比特币比萨日"。当时每个比特币还不到0.5美分。

2011年，有一名大三的学生在某问答网站上提问，有6 000元该如何投资。一名叫blockchain的网友解答称："买比特币，保存好钱包文件，然后忘掉你有过6 000元这回事。五年后再看看。"

提问者随后回复，比特币不太了解。保险起见，他拿6 000元去银行做了金融理财投资。

知乎网站上一条关于比特币的问答

当时的比特币十分便宜，每个比特币不到4美元。可是无论是谁，都没有想到比特币居然到了这么疯狂的地步。短短2年的时间，比特币就冲上了900美元；2017年的疯涨更是令所有人惊讶，2017年1月比特币均价还在1 000美元上下徘徊，而到了年底险些突破2万美元。惊人的涨幅吸引了大量的"矿工"涌入挖掘比特币的大潮中。

除比特币外，还有以太坊（ETH）、莱特币（LTC）等加密货币百花齐放。大量的"矿工"为了争夺算力，将目光转向了算力强大得多的显卡（GPU）。一时间，中档、高档的显卡遭到疯抢，各大电商的显卡也纷纷售罄，仅有的存货也是价格高得离谱（显卡价格翻番，还有价无市）。到了后期，"挖矿"技术又朝着大规模、专业化的方向发展。中国幅员辽阔，专业"矿工"会选择能源丰富、气候凉爽、偏僻无人的地方，开设自己的"矿场"。不少人"隐居"深山，把"矿场"建在水电站旁，这些"大矿主"还能与水电站老板谈条件，以优惠的价格购入电力。四川、内蒙古等地成了"挖矿"的大本营。一个大型"矿场"，年上缴电费可达1亿美元。

过度的"挖矿"行为严重影响了显卡的市场秩序。首先，"矿工"疯狂抢购显卡"挖矿"让很多玩家买不起显卡；其次，"挖矿"是高负荷作业，对显卡会有很大的损伤，显卡内部的电子元器件也会迅速老化。在这次疯狂中，"矿工"们穷尽其用，显卡在"挖矿"时往往会被加高电压，以高频率运行。"矿机"所在的房间热得要命，噪声很大，显卡核心温度甚至可以达到100 ℃。坏卡大量增多，申请保修的显卡多得让厂家苦不堪言；"挖"完"矿"的显卡流入二手市场，无数接盘侠纷纷抱怨买了容易花屏、运行不稳定的"矿卡"。另外，有人借助七天无理由退款的漏洞，买显卡回来"挖矿"，再在第六天退货，赚取"矿资"。如此空手套白狼逼得电商不得不修改了退货政策。

为了平衡市场秩序，两大显卡厂商NVIDIA和AMD都推出了"专用"显卡。在原来显卡的基础上，去掉视频输出接口。一是去掉对"矿工"无用的部分，提高性价比；二是为了防止各类"矿卡"流入二手游戏配件市场；三是对这些"矿卡"采用独特的保修政策，这类"矿卡"只

2019年2月，比特币已跌至3 500美元。大量的"矿工"无力支付高昂的电费，不得不将"挖矿"设备卖掉。

保修3个月，而3个月的"挖矿"往往就能回本。

　　"矿工"们的工作也不是一帆风顺的。有一场大洪水让大量"矿工"血本无归的；有变电站限制水电站私自出售电力，让"矿场"无电开机的；也有政策上宣布比特币不是货币、比特币交易违法的。

　　加密数字货币的初衷是去中心化和匿名。但是，与多数货币不一样的是，加密数字货币并没有一个强有力的政府对它进行"背书"。政府发行货币以对国内市场进行合理管控，亦可利用各种货币政策对市场进行宏观调控。所以，政府一定会保证国民对本国货币的信心。当出现汇率波动、通货膨胀等可能会干扰国民正常生活的情况时，国家往往会尽全力维持本国货币的稳定。与此同时，国家也在尽可能地保证货币能够正常兑换衣食住行等各类商品或服务，国家的承诺给货币提供了价值。与此相反的是，比特币只有稀缺性而无强制兑现能力，基本无实际价值，与其他货币有本质区别。同时，加密数字货币极易受政策影响，还容易被各种的山寨货币抢夺市场。比特币涨到数万美元一个，只是各个投资者单纯地认为币值会越来越高，总有下一个投资者接盘的结果。这种击鼓传花性质的游戏必然会有参与者认清事实、纷纷跑路的一天，而最后一批入场者则会因为购买者离场而亏得血本无归。这大概就是部分国家对比特币严加管控、禁止交易的原因。

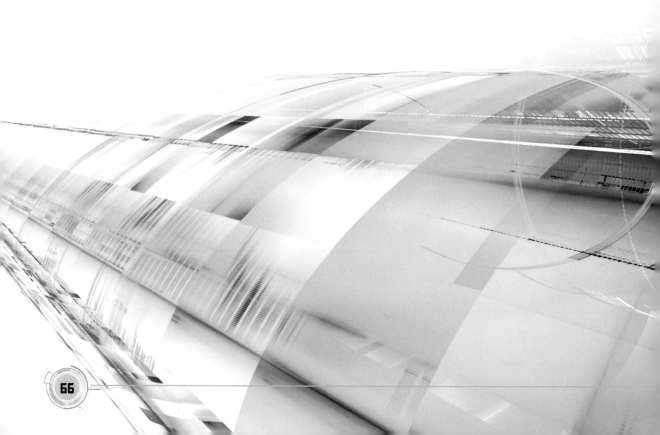

● 区块链的其他应用

养成类游戏。借助区块链技术，用户的宠物可以保存到本地，同时又不怕有人修改数据故意生成珍稀的好宠物。加密猫是区块链养成类游戏的代表，有些热门的猫售价甚至可以高达20万美元。

原创证明。原创证明是区块链的一个热门话题，国内外有很多此类的项目，如COINTELEGTAPH、百度图腾。

溯源。由于区块链上的信息难以篡改，企业如果将信息上传到区块链，故意修改信息造假的难度就会大大提升，因此很多贵重物品即可通过这一方式进行溯源管理。

电子存证。电子存证技术具有为企业、机构和个人提供电子取证、存证的能力。有人称区块链的"矿工"是公证处，那么电子存证就是一个与现实对接的公证机构。

即时通信。BeeChat是一种应用了区块链的即时通信工具，它以高度安全的加密服务确保人与人之间随时随地的沟通，还能转账数字货币。其用户数已破百万。

去中心直播。YouLive是一个去中心化的实时内容分享平台，是一个真正的去中心化直播平台。

章末思考

1. 在线非法复制和传播影音作品可能会对文化创作产生什么影响?

2. 不法分子可能从你处盗取哪些个人信息?

教育视频

本二维码链接的内容与原版图书一致。为了保证内容符合中国法律的要求,我们已对原链接内容做了规范化处理,以便读者观看。二维码的使用可能会受到第三方网站使用条款的限制。

扫描右侧二维码,观看有关网络欺凌的视频。

研究项目

通过互联网或学校图书馆，对互联网与言论自由做简单的调查研究，并回答：是否所有内容都能在网络上自由浏览和发布？

有人认为，不应对网络上的内容加以限制，因为宪法保护言论自由和新闻自由。每个人都应有权利自由地看、读、听，以及表达他们感兴趣的任何内容，因为他们可以对自己的行为负责。

另一些人则认为，健康平衡的社会需要对互联网进行限制。色情作品物化女性，本质上是一种数字形式的卖淫，是为性满足买单。贩卖人口和传授伤人方法的网站绝对应该禁止。很多内容不管是对儿童还是对成年人都有害，正如同有禁止仇恨宣传的法律一样，也应该出台管理网络内容的法律。

写一篇两页的报告，利用你在研究中发现的数据来支持你的结论，并展示给你的家人或同学。

关键词汇

流行病 —— 爆发范围大、影响人数极多的疾病。

伦理学 —— 哲学的一个分支，是一门研究行为好坏和道德对错的科学。

公正的 —— 没有或未表现出不公平的倾向，不认为某些人或观点等比其他人或观点更好；没有偏见的。

哲学家 —— 研究知识、真理，以及生命的本质和意义的人。

第五章　迈向未来

数字技术提高了我们生活诸多方面的效率。我们不必咨询专家，只需要在搜索引擎中输入问题，就可以获得想要的答案；我们也不用去实体店，只需要点击鼠标，就可以购物，而且所订购的商品在一两天之后就会出现在家门口，价格通常还比实体店更优惠；我们甚至可以在家里观看具有高清画质和环绕音效的电影。有了这些科技，我们该如何利用数字化时代为我们节约下来的时间和精力呢？随着科技继续发展，未来又会变成什么样的呢？

青少年总被告诫要停止玩网络游戏，要把时间花在更有价值的事情上。所以数字科技到底让我们生活更加美好了，还是让我们有了更多时间去浪费？在网络上花费大量时间对我们来说真的值得吗？

有人认为家长有责任监督孩子在网络上浏览的内容。另外一些人则认为应该制定相关法律，让家长在法律框架下行使监督和监护权。

不断增长的游戏时间

根据《2014年尼尔森游戏360报告》，13岁及以上的玩家在各种平台上玩游戏的时间每周超过6小时，与2012年的5.6小时相比增加了12%。

 **知识窗**

电子游戏分级

为了避免青少年玩家受暴力电子游戏误导，一些国家建立起较为完善的电子游戏分级制度。娱乐软件分级委员会（ESRB）对电子游戏和软件进行监督，以保证消费者，尤其是家长可以理智地选择合适的游戏。电子游戏分级方式有以下三种：

·以年龄分级：三岁以上、十岁以上、十三岁以上、十七岁以上、十八岁及以上年龄。

·内容描述符指出可能会引起特殊分级和/或引起注意的内容（比如"动画级恶作剧"和"轻度粗俗歌词"）。

·互动元素提醒用户互动的能力，是否与其他人分享自身地理位置，是否与第三方共享个人信息，是否在应用程序内购买数字产品和/或是否提供不受限制的互联网接入。

2013年使用智能手机和平板电脑玩游戏的时间占总游戏时间的19%，高于2011年的9%。用平板电脑每周所玩游戏的时间为9%，增长幅度最大，是2012年4%的两倍多；用智能手机玩游戏的时间也小幅上涨至10%，与2012年相比上涨了1%。

专业电子游戏玩家也开始用平板电脑和智能手机玩游戏。其中，50%的玩家表示他们会使用移动设备玩游戏，与2012年的46%和2011年的35%相比均有所上涨。尽管与2012年相比下降了3%，PlayStation3、Xbox360和Wii等游戏机上的电子游戏依然占据了最多的游戏时间（34%）。总体而言，近64%的人都利用各种设备玩电子游戏，这个数字自2010年以来一直保持稳定。

市场调查公司NPD集团的一项报告显示，2014年人们玩手机游戏的平均时间与2012年相比增长了57%。人们每天利用智能手机以及平板电脑玩游戏的时间为3小时。而在2012年，这个数字只是2小时20分钟。

"增强现实"（AR）手机游戏《口袋妖怪》于2016年6月推出之后广受欢迎。游戏中的角色通过计算机技术出现在手机屏幕中，仿佛就在玩家附近。图为口袋妖怪出现在森林小道上。

尽管在这当中，智能手机占了主流，但是屏幕更大一点的平板电脑正在使人们的游戏时间不断增加。

NPD集团还指出，人们不仅花更多时间来玩平板电脑游戏，也更乐意为游戏花钱。事实上，手机游戏已经发展为一个价值250亿美元的市场。2~12岁的人群是在移动设备上玩游戏时间最多的群体，平均每人玩过5款以上的游戏；而且在2014年，他们在新游戏和应用程序上的花费仅次于25~44岁的玩家。

社交媒体发展趋势

社交平台从数字通信网络扩展到成熟的媒体分销渠道和娱乐中心，俨然已是数字媒体行业的新领军者。2016年，互联网流量统计公司康姆斯科发布的报告称，美国网民利用台式电脑和移动设备上网的总时长中，近20%的时间都是花在社交媒体上，仅是脸书就占了总上网时间的14%。

2015年，"移动智能情报"的一项报告指出，美国人平均每天查看脸书、推特和其他社交媒体的次数高达17次。但是与其他国家相比，美国人并不是最依赖互联网的群体。

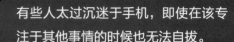

有些人太过沉迷于手机，即使在该专注于其他事情的时候也无法自拔。

事实上，泰国、马来西亚、卡塔尔、墨西哥、阿根廷和南非的智能手机用户一天要查看40次社交网络应用。这些强迫性的社交媒体使用者大部分都不是青少年，而是成年人。据观察，社交媒体在25~54岁这一群体中使用度最高。

智能手机成瘾

"移动智能情报"的报告显示，尽管2015年美国人花在社交网络上的时间不是世界第一，但是他们每月消费的数据流量却遥遥领先，花在手机上的时间也最多，每天高达4.7小时。假设平均每个美国人一天中有15个小时处于清醒状态，那么这个数字就意味着我们每天将1/3的工作时间花在了手机上。正如该报告所示，有些时间本该用来工作，我们却将其大量地耗费在了社交媒体和网络游戏上。

美国电话电报公司和网络与科技上瘾研究中心的调查显示，61%的美国人睡前必须看手机，53%的美国人如果没有随身携带手机就会感到心烦意乱。有个专门形容这种感觉的术语——无手机恐惧症，指的是不带手机就会恐惧的心理，40%的美国人都患有"无手机恐惧症"。

一些针对频繁使用数码产品的调查发现，使用互联网是一种单独的活动，它会损害人的社交能力。长期独处的人会发现更难与他人来往，他们可能会羞于出现在公众面前或觉得与人对话更加困难。互联网还会使人越来越远离现实活动，比如说对身体更有益的运动。

其他研究则展示了另外一种结果，即适度使用数码产品是有益的。人们可以通过编程或其他计算机技术熟练地掌握科技。同样地，游戏可以提高人们的反应能力，锻炼逻辑和视觉意识等技能。

质量与内容

互联网上有些内容质量极高，可集教育性、娱乐性和文化多样性于一体，比如说互联网可以让人欣赏古典音乐，观赏艺术展览或者习得一门外语。没有互联网，许多人可能根本没有这样的机会。所以说互联网既可以提供娱乐，也可以提供准确有用的信息。

但互联网上同样也有许多质量低劣的东西，比如说充斥着暴力画面和低俗色情的网页。人们担心这种东西即使不会造成心理伤害，也可能会助长现实世界中的暴力行为和不健康的性欲。

言论自由可以促进人们彼此间的了解。但是互联网上的言论自由也可能会导致种族歧视现象加剧，或者导致特定人群遭受辱骂。

在本书前面部分，我们讨论过了有些国家出于政治和宗教原因限制了互联网入口。这些国家也可能会为了保护自己的文化和传统而禁止一些网站。当地人认为由于太容易接触到西方文化——尤其是美国文化，已经导致了其他传统生活方式的衰落，而产生这些影响的可能只是卡通动画、流行音乐或者网络游戏。如果消费主义心理流行起来，那么当地的人们可能会因为消费欲望无法得到满足而产生怨怼情绪。

为引领数字化时代，每个国家都需要有指导准则。哪些东西可以放到网上？具体界限又由谁来确定？如果"数码瘾"（通常是指对游戏、社交媒体或手机的上瘾）继续加重，那这就可以被看作是一种社会疾病，甚至是一种**流行病**，即流传速度快、影响范围广的"疾病"。那么在这种情况下，我们应该制定什么样的计划或政策来推广更健康的生活方式呢？也许需要更多的户外活动或者人们在现实生活中的互动？

制定伦理道德规范

既然我们已经踏入新时代，那么涉及抉择正确与否的**伦理学**也不应该局限于生物技术和药物试验等领域。不论何时，当我们要做出一个选择时，总要考虑各种因素，其中许多因素都涉及伦理道德问题。在某些情况下，许多人都同意应把主要的伦理道德问题写入法律。比如，大多数人都认为我们不该杀人或者侵占他人的财产，所以在

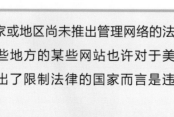

许多国家或地区尚未推出管理网络的法律。这些地方的某些网站也许对于美国等推出了限制法律的国家而言是违法的。

全世界范围内，谋杀和偷窃都是违法的。但是有些伦理道德问题则存在争议，如许多素食主义者觉得食用动物是不对的，但另外一些人就不这么认为。有时候，文化、宗教或是地域差异都会影响人们的道德标准。在多数国家，大多数人都认为人们应该有权选择和自己结婚的人。但是在另外一些国家，包办婚姻的现象十分普遍，这甚至被视为是最好的夫妻制度。

随着时间推移，各国都发展出了自己的判断体系。伦理道德规范不是由单个人一蹴而就的，而是国民在不断的学习和实践过程中逐渐形成的。我们普遍接受的伦理道德观念有利于社会朝着积极的方向发展，但是只要有分歧，就会有争论和冲突。

数字化时代的伦理道德规范

在新的领域制定伦理道德规范是复杂和困难的，但我们若想用一种健康的方式将数字科技融入社会，这一步必不可少。许多伦理道德规范都与宗教信仰紧密相连。在一些国家，人们有宗教信仰自由，所以法律尽量支持他们信仰自己的宗教；但在有些地方，国家只承认一种宗教，不允许有其他宗教信仰，不难推测，这些国家就会希望根据自己的宗教信仰和伦理道德规范来管理互联网。

人们很难不受自己的感情、观念和兴趣的左右，做出**公正的**决定。在某些领域，或许你认为自己不带偏见，因为你身边的人都会做同样的选择，但其实是你和你身边的人组成的群体带了地域或文化偏见。

正如目前关于基因工程和堕胎等议题的争论一样，各国可能就互联网内容管理存在分歧。但是，无论对于单个国家还是整个世界来说，法律管制都是必不可少的。因为随着数字化时代的不断发展，并非所有的技术都将被用于促进社会进步——每个领域都有犯罪分子，如网络恐怖主义可能将网络资源用于军事目的。针对是非对错制定监管准则并施行，至关重要。但是由谁来制定这些政策呢？

伦理委员会

我们已经通过本书了解到，数字化时代影响我们从财富分配、经济产业到社会互动和教育等生活的方方面面。而在每个领域都有关于是非对错的问题。谁来监管硬件和软件的发展？谁来应对新机遇带来的威胁呢？

伦理委员会作为一个组织，任务是探讨任职于研究所或医院等机构的科学家的工作，其成员包括领域内的专家和对伦理道德感兴趣的哲学家。哲学家研究的内容是知识、真理和生活的意义，他们考虑的问题包括什么是对什么是错，如何建立一套道德准则以及权衡个人利益和社会利益等。

除了内部探讨之外，伦理委员会成员还可能与其他领域的专家对话，比如来自计算机编程、经济学或政治学等领域的专家。伦理委员会试图在人人都关心的何为对何为错，或在哪些被允许哪些被不允许的问题上取得共识。在整个团队的努力下，他们将从个案探讨到研究更加抽象的问题。

医院的伦理委员会也许会检查某个病人的案例，或是接受政府的任命调查某一领域的研究是否可以进行；在数字技术方面，伦理委员会可能会把政府对人们使用网络实施监管而产生的弊端与安全性得以提高的好处进行对比研究，也可以就网络色情的危害和法律规定的权利进行对比探讨。每个国家都会制定相关的法律，但在某些领域，具体法律会有很大区别。

大多数在类似数字内容等有争议的领域工作的人都有些功利心，这些人或许专注于赚钱或谋求升职。但是在一些特定领域，最了解相关问题的人往往带有倾向性。他们对该领域的解释对整个社会影响十分重大，而我们的观点往往取决于他们提供的信息。所以普通公民对切身问题进行独立调查和思考就变得十分重要。

我们应确保自己的观点是基于事实，而非基于某种有偏颇的论点。我们对数字化时代的问题了解得越多，在给各个相关领域制定均衡的指导方针时就越能游刃有余。无论是在人工智能取代越来越多人力，导致劳动力重组之后，还是在具有更高效率的新领域中，我们的未来应该掌握在那些共同为社会努力的博学之人手中。

章末思考

1. 在你的国家，人们一般每天花在手机上的时间是多久？这在他们醒着的时间中占多大比重？

2. 哪两种人可能是伦理委员会的成员？

教育视频

本二维码链接的内容与原版图书一致。为了保证内容符合中国法律的要求，我们已对原链接内容做了规范化处理，以便读者观看。二维码的使用可能会受到第三方网站使用条款的限制。

扫描右侧二维码，观看有关数字化时代伦理案例的视频。

研究项目

通过互联网或学校图书馆，对社交媒体及人际关系做简单的调查研究，并回答：社交媒体能增进健康的人际关系吗？

一些人认为，社交媒体对人际关系无益，因为他们只是在交流简短的信息，或阅读彼此的最新动态。人们之间渐渐习惯于表面的互动，而不习惯花费长时间进行面对面的接触，然而面对面的交流更真实、更有深度、更有创造性。

另一些人则认为，社交媒体会带来更健康的人际关系，因为人与人之间会保持更频繁的联系，知道对方的生活发生了什么，并且可能通过网络认识更多人。这就是人际关系在数字化时代进化的一种方式。

写一篇两页的报告，利用你在研究中发现的数据来支持你的结论，并展示给你的家人或同学。

关于作者

比阿特丽斯·卡瓦诺（Beatrice Kavanaugh）毕业于布林莫尔学院。曾担任报社撰稿人及编辑，目前是一名自由撰稿人。她还撰写了本系列丛书中《医学发现》一书。

致谢

张洋、陈治帆为本书"进阶阅读"部分的内容提供了支持和帮助，谨此致谢！

图片版权所有

页码：2: DrHitch/Shutterstock.com; 3: Library of Congress; 4: Ciurea Adrian/Shutterstock.com; 5: jultud/Shutterstock.com, AlexZi/Shutterstock.com; 6: Tinxi/Shutterstock.com, Alberto Masnovo/Shutterstock.com; 8: nevodka/Shutterstock.com; 9: Sorbis/Shutterstock.com; 12: Clayton Trehal/youtube.com; 13, 25: Toria/Shutterstock.com; 14: kentoh/Shutterstock.com; 15: Fisher Photostudio/Shutterstock.com; 16: Jonathan Vasata/Shutterstock.com, Denys Prykhodov/Shutterstock.com; 17: Ymgerman/Shutterstock.com; 18: Ymgerman/Shutterstock.com; 19: Tyler Olson/Shutterstock.com, Becris/Shutterstock.com; 28, 42, 72: TED–Ed/youtube.com; 29: kentoh/Shutterstock.com; 30: Pingingz/Shutterstock.com; 31: Cruciatti/Shutterstock.com; 32: JMiks/Shutterstock.com; 34: Jeramey Lende/Shutterstock.com; 35: Z.H.CHEN/Shutterstock.com, mrmohock/Shutterstock.com; 36: Michael Puche/Shutterstock.com; 37: nije salam/Shutterstock.com; 40: TwinDesign/Shutterstock.com; 41: Txking/Shutterstock.com; 43: enzozo/Shutterstock.com; 44: wk1003mike/Shutterstock.com; 45: Tidarat Tiemjai/Shutterstock.com; 46: Federal Bureau of Investigation; 47: Haak78/Shutterstock.com; 49: GlebStock/Shutterstock.com; 50: Blazej Lyjak/Shutterstock.com; 51: Yeamake/Shutterstock.com, guteksk7/Shutterstock.com; 52: durantelallera/Shutterstock.com; 53: Volodymyr Kyrylyuk/Shutterstock.com; 56: spaxiax/Shutterstock.com; 68: Luke Culhane/youtube.com; 69: SvedOliver/Shutterstock.com; 70: GrandeDuc/Shutterstock.com; 71: Shutterstock.com; 74: Matthew Corley/Shutterstock.com; 74: Kzenon/Shutterstock.com; 75: RKLFoto/Shutterstock.

com; 76: Jjspring/Shutterstock.com; 78: Syda Productions/Shutterstock.com;
81: winui/Shutterstock.com

章节插图：FreshStock/Shutterstock.com; Saibarakova Ilona/Shutterstock.com

边框插图：macro-vectors/Shutterstock.com; CLUSTERX/Shutterstock.com;
mikser45/Shutterstock.com; SupphachaiSalaeman/Shutterstock.com; amgun/
Shutterstock.com

背景图：Tidarat Tiemjai/Shutterstock.com; Verticalarray/Shutterstock.com;
cluckva/Shutterstock.com; HAKKIARSLAN/Shutterstock.com; argus/Shutterstock.com;
Ruslan Gi/Shutterstock.com; fotomak/Shutterstock.com; Duplass/Shutterstock.com;
Milolika/Shutterstock.com; Digital Art/Shutterstock.com80